中国农业科学院基本建设项目成果汇编（2017）

◎ 中国农业科学院基本建设局 编

中国农业科学技术出版社

图书在版编目（CIP）数据

中国农业科学院基本建设项目成果汇编．2017 / 中国农业科学院基本建设局编．— 北京：中国农业科学技术出版社，2018.3

ISBN 978-7-5116-3546-4

Ⅰ．①中…　Ⅱ．①中…　Ⅲ．①中国农业科学院－基本建设项目－成果－汇编－2017　Ⅳ．① S-242

中国版本图书馆 CIP 数据核字（2018）第 044370 号

责任编辑　朱　绯
责任校对　李向荣

出 版 者　中国农业科学技术出版社
　　　　　北京市中关村南大街 12 号　邮编：100081
电　　话　（010）82106626（编辑室）（010）82109702（发行部）
　　　　　（010）82109709（读者服务部）
传　　真　（010）82106626
网　　址　http://www.castp.cn
发　　行　全国各地新华书店
印 刷 者　北京建宏印刷有限公司
开　　本　787 mm × 1 092 mm　1 /16
印　　张　10.25
字　　数　129 千字
版　　次　2018 年 3 月第 1 版　2018 年 3 月第 1 次印刷
定　　价　96.00 元

编辑委员会

编者按 | EDITORS NOTE

农业科技基础平台建设是中国农业科学院加快建设“世界一流学科和一流科研院所”的重要举措，一直以来得到了国家发改委、农业部的大力支持，无论在项目规模、内容、资金强度等方面都不断增加。院属各研究所在不断推动科技创新发展的同时，积极谋划和开展项目建设，每年都有一批建设项目建成并投入使用，现代实验室、实验基地等平台设施建设初具规模，为“双一流”建设提供了重要的条件保障。中国农业科学院基建局以服务科研

和科技创新为宗旨，按照“科学化、制度化、规范化”的基建管理思路，按照放管服的原则，积极服务研究所的基本建设项目建设，为基本建设项目的精细化、专业化管理保驾护航。为更好地反映中国农业科学院基本建设成果，从 2016 年起，基建局将全面汇总当年验收的基本建设项目，形成系列汇编，以便更系统、更全面地反映中国农业科学院的基本建设成就，同时，推动全院基本建设项目更好更快发展。

前言 | PREFACE

2017 年是中国农业科学院实现跨越式发展非常重要的一年，习近平总书记为建院 60 周年发来贺信，明确提出了“三个面向”“两个一流”和“整体跃升”的发展要求。基本建设局紧紧围绕“建设世界一流学科和一流科研院所”战略目标，以新理念为统领，以服务创新工程为主线，以《中国农业科学院“十三五”基本建设规划》为抓手，扎实推进全院基本建设工作。一年来，坚持预算安排与项目执行联动，优化资金安排，加快项目执行进度，实现了“两增一降”的明显进展，实现了全院在建项目保持在 80 个以内、结转资金大幅压缩的预期目标。2017 年共新争取国家投资 2.25 亿元，当年完

成投资 3.28 亿元，较上年增长了 42%；28 个项目通过竣工验收，较上年增加了 33%；年底结转基建资金 2.46 亿元，较上年同期下降 30%。全年新增固定资产 3.28 亿元，其中，科研及辅助房 2.0 万 m^2，温室网室（含畜禽舍）1.7 万 m^2，仪器设备 683 台套。这些项目的建成，极大改善了中国农业科学院科研保障条件，为中国农业科学院跻身世界一流院所做出了重要贡献，为农业科技发展和推动农业社会经济可持续发展提供了重大科技保障。现将 2017 年竣工验收项目的建设成果汇编成册，供大家参考学习。

目录 CONTENTS

项目建设成果

PROJECT CONSTRUCTION RESULTS

01 中国农业科学院作物科学研究所河北省沽源县国家小麦育种夏繁基地建设项目

小麦冬繁和夏繁加代是提高小麦育种效率、加速小麦育种进程的重要措施。程顺和院士提出了加快小麦冬繁夏繁基地建设，促进全国小麦育种发展的建议。农业部给予了高度重视，并进行了专门的研讨。近年来，一些小麦育种单位在云南进行的冬繁，通过加代有效地加速了小麦育种进程，中国农业科学院作物科学研究所率先在河北省沽源县进行了小麦夏繁的探索（图 1，图 2），

图 1　基地大门

图 2　综合实验用房

在小麦的材料加代、抗逆性与适应性鉴定、种质资源保存与创新上取得了极好的效果。进而我国北方许多育种单位相继在沽源进行了夏繁工作。农业部进行全国小麦夏繁基地建设，对我国小麦新品种选育，小麦育种产业发展起到了十分重要的推进作用。为了更加有力和有效地推进全国小麦育种整体水平的提高，特别是北部冬麦区和黄淮海冬小麦育种与生产的发展，在建设云南的南方小麦夏繁基地的基础上，同时加强河北沽源的北方小麦夏繁基地建设，形成南北配合的小麦育种加代体系，将为我国小麦育种科研提供重要的支撑条件。

2012 年，农业部批复了河北省沽源县国家小麦育种夏繁基地建设项目的初步设计概算。项目 2014 年开工建设，2017 年通过了

图 3　挂藏考种室、库房

中国农业科学院组织的竣工验收。该项目建设完成综合实验用房 1 036.47m^2（图 2），挂藏考种室及库房 573.97 m^2（图 3），场区给排水管道工程 1 项，晒场 1 610.86 m^2，市政线路及供配电设施 1 项，生活用水及井房 1 项，场区道路 1 152 m^2，绿化 1 项，场区围墙及大门 1 项；田间道路 1 566 m^2，灌溉用水及井房 1 项，铁围栏栏杆 822m（图 4，图 5），灌溉系统 66 670 m^2，购置农机具 4 台（套）（图 6，图 7）。2015 年 12 月完成全部建设内容，并投入使用，共完成投资 650 万元。

图 4　田间围栏

图 5　田间围栏

图 6　拖拉机

图 7　耕翻机

项目建成后，将开展小麦品种的选育审定及相关科研项目的实施，为中国农业科学院及北方主要省市农业科研与教学单位的小麦育种与种质资源、分子技术和栽培提供重要的加代与筛选的基地与平台，加倍提高小麦育种与种质资源创新的速度与效率。

该项目是我国北部冬麦区和黄淮海麦区重点建设的小麦夏繁基地之一，与云南的南方小麦夏繁基地形成了南北配合的小麦育种加代体系，为提高我国小麦育种效率，加快高产、优质、多抗小麦新品种培育做出了重要贡献。

项目基本情况

建设单位	中国农业科学院作物科学研究所	建设地点	河北省沽源县
项目编号	2012-B1100-130724-A0109-002		
项目法人	刘春明	项目负责人	刘录祥
批复投资	650 万元	完成投资	650 万元
项目类型	综合实验用房及配套设施	投资方向	国家级科研院所
验收单位	中国农业科学院	验收时间	2017 年 7 月 13 日
项目实施概况	2012 年 2 月农业部以“农计函〔2012〕20 号”文件批准该项目立项。2012 年 5 月，农业部办公厅以“农办计〔2012〕56 号”文件批复该项目初步设计概算。 项目 2014 年 4 月开工建设，建设完成综合实验用房 1 036.47 m^2，挂藏考种室及库房 573.97 m^2，场区给排水管道工程 1 项，晒场 1 610.86 m^2，市政线路及供配电设施 1 项，生活用水及井房 1 项，场区道路 1 152 m^2，绿化 1 项，场区围墙及大门 1 项；田间道路 1 566 m^2，灌溉用水及井房 1 项，铁围栏栏杆 822m，灌溉系统 66 670 m^2，购置农机具 4 台（套）。2015 年 12 月完成全部建设内容，并投入使用，共完成投资 650 万元。2017 年 7 月 13 日通过了中国农业科学院组织的竣工验收。		
支撑的学科方向	作物学。主要的应用方面有：小麦遗传育种（材料加代）、种质资源筛选鉴定与创新、高产高效栽培生理学研究。		

02 中国农业科学院作物科学研究所粮油产品质量安全风险监测能力建设项目（华北）

建设农产品质量安全检验检测体系是政府依法行政、严格执法，实施农产品质量安全管理的重要手段，是农产品质量安全体系的主要技术支撑。根据《全国农产品质量安全检验检测体系建设规划（2006—2010年）》，中国农业科学院作物科学研究所承担实施了“农业部部级谷物及制品质量安全监督检验中心建设项目”，提升了农业部部级谷物及制品质量安全监督检验中心的产品检测能力，但对粮油产品中的痕量污染物及其代谢产物、未知风险因子确证、新型污染物结构鉴定、部分重金属不同价态结构物质形态分析、粮油产品中功能成分分析等方面的能力仍显不够，应付谷物及粮油产品突发质量安全事故的应急取样、分析和研判条件及能力尚属空白。为此，有必要根据《全国农产品质量安全检测体系建设规划（2011—2015年）》，实施粮油产品质量安全风险监测能力建设项目。

中国农业科学院作物科学研究所于2014年申请了粮油产品质量安全风险监测能力建设项目，同年获得农业部批准立项。2015年7月，农业部批复项目初步设计和概算，2017年7月11日通过了农业部组织的竣工验收。该项目购置超高效液相色谱—四极杆串联飞行时间质谱—气相色谱联用仪1套（图1）、液相色谱—电感耦合等离子体质谱仪1台（图2）、样品全自动消解及前处理系统1台

（图 3）、台式离心机 1 台（图 4）、全自动凯氏定氮仪 1 台（图 5）。2017 年年初完成全部建设内容，并投入使用，共完成投资 589 万元。

项目的建设提升了农业部谷物品质监督检验测试中心粮油产品质量安全风险监测与预警能力，使该中心在小麦、玉米等谷物类粮食作物质量安全检测领域的专业优势更加明显，使其成为全国农产品风险监测与预警网络体系的组成部分，具备承担华北地区小麦、玉米等粮食作物质量安全危害因子，如痕量污染物、生物毒素等的普查排查，未知危害因子确证以及新型危害因子结构鉴定等的条件和能力，具备了可开展农产品中污染物形成机理和转化规律等研究

图 1　超高效液相色谱—四极杆串联飞行时间质谱—气相色谱联用仪

的能力。项目建成后，对多种类污染物高通量快速检测及有毒有害代谢物精准痕量检测的效率和灵敏度明显提升，如生物毒素及农残、重金属的检测灵敏度可提高 1~2 个数量级。

该项目是我国农产品质量安全风险监测与预警网络体系的一部分，达到了对农产品质量安全问题早发现、及时预警和科学管理的目的，满足了政府对农产品质量安全由事后监管向事前预防转变的迫切需要，使风险隐患排查更加及时准确，对农产品质量安全突发事件响应和处置更加果断有效，显著提升了农产品质量安全检测体系为政府和公众服务的能力。

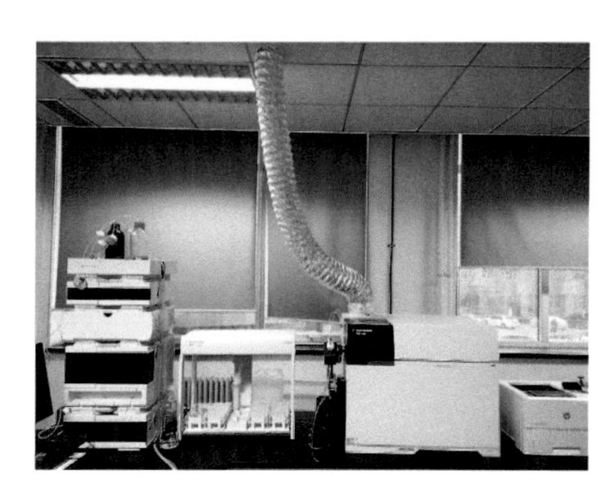

图 2　液相色谱—电感耦合等离子体质谱仪

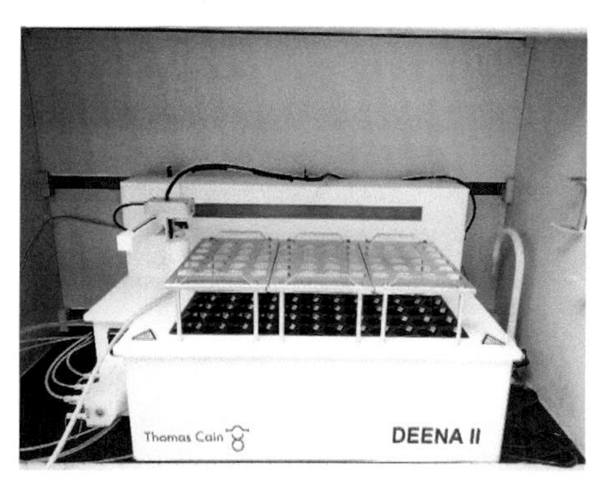

图 3　样品全自动消解及前处理系统

图 4　台式离心机

图 5　全自动凯氏定氮仪

项目基本情况

建设单位	中国农业科学院作物科学研究所	建设地点	北京市海淀区
项目编号	2014-B1100-110108-G1202-025		
项目法人	刘春明	项目负责人	刘录祥
批复投资	589 万元	完成投资	589 万元
项目类型	仪器设备购置	投资方向	国家级科研院所
验收单位	中国农业科学院	验收时间	2017 年 7 月
项目实施概况	2014 年 12 月，农业部以“农计发〔2014〕199 号”文件批准该项目立项。2015 年 7 月，农业部办公厅以“农办计〔2015〕45 号”文件批复该项目初步设计概算。 该项目购置超高效液相色谱—四极杆串联飞行时间质谱—气相色谱联用仪 1 套、液相色谱—电感耦合等离子体质谱仪 1 台、样品全自动消解及前处理系统 1 台、台式离心机 1 台、全自动凯氏定氮仪 1 台。2017 年年初完成全部建设内容，并投入使用，共完成投资 589 万元。2017 年 7 月 11 日通过了农业部组织的竣工验收。		
支撑的学科方向	农产品质量与食物安全。主要的应用方面有：粮食作物质量安全危害因子普查排查；未知危害因子确证；新型危害因子结构鉴定；农产品中污染物形成机理和转化规律研究。		

03 中国农业科学院作物科学研究所作物生理生态重点实验室建设项目

当前，我国处于农业生产方式转型的关键时期，农业科技是确保国家粮食安全的基础支撑，农业科技进步对促进现代农业跨越式发展具有重要意义。中国农业科学院作物科学研究所作物生理生态重点实验室作为国家作物生产科技创新体系的重要组成部分，是凝聚和培养优秀科技人才、开展学术交流的重要基地。为了提升作物生理生态重点实验室的科技创新水平和人才培养能力，在现有设备设施条件的基础上，重点通过大型仪器设备购置、配套实验室设施改造等方面的建设，基本完善和大幅度提升实验室体系的装备水平（图 1），增强科技创新、服务农业产业、学术交流和人才培养的综合实力。通过建设作物生理生态重点实验室，将进一步提升作物栽

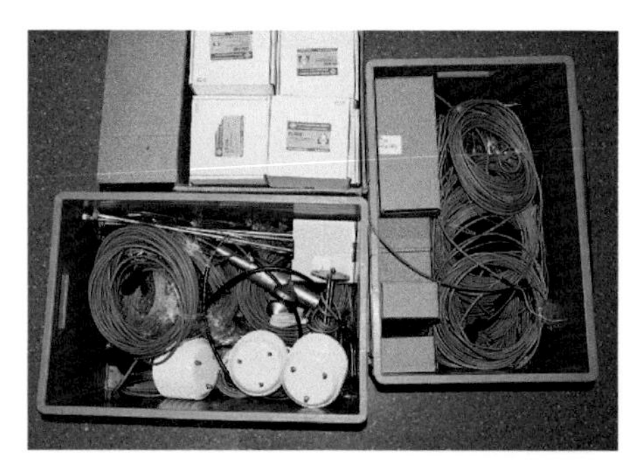

图 1　植物生理生态监测系统

培技术，提高生产与资源效率，对保护生态安全、增强粮食生产能力、保障国家粮食安全具有重要意义。

中国农业科学院作物科学研究所在2014年1月申请了作物生理生态重点实验室建设项目，2014年3月获得农业部批准立项。2014年12月项目开工建设，2017年11月24日通过了中国农业科学院组织的竣工验收。该项目建设完成植物生理生态监测系统（图1）、超高效液相色谱仪（图2）、同位素质谱仪（图3）、植物光合测定仪（图4）、微波消解仪（图5）、流动分析仪（图6）、总有机碳分析仪（图7）、气相色谱仪（图8）、土壤呼吸监测仪

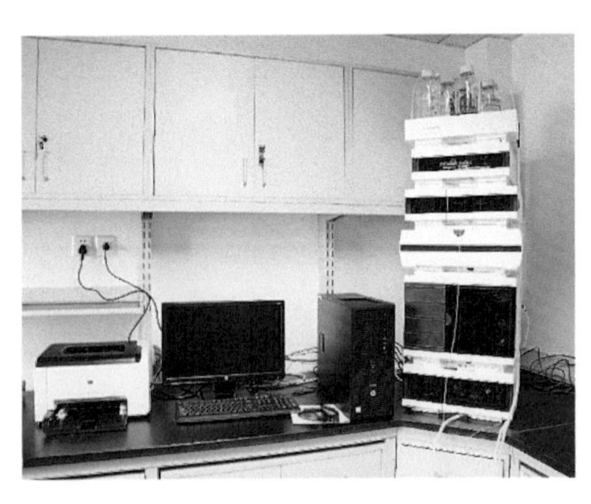

图2　超高效液相色谱仪

图3　同位素质谱仪

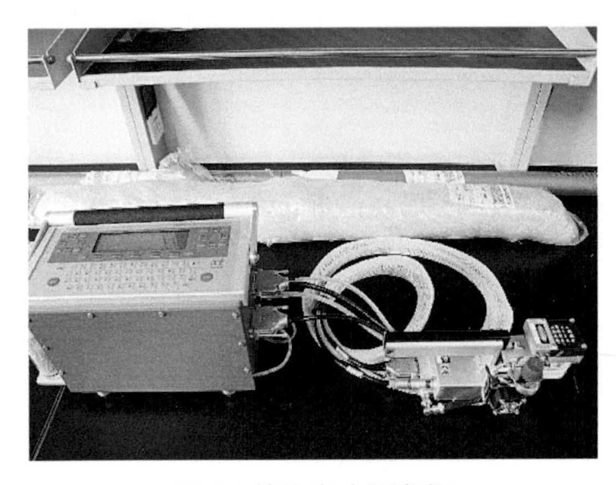

图4　植物光合测定仪

图5　微波消解仪

（图 9）、荧光定量 PCR 仪（图 10）、全自动定氮仪（图 11）、植物荧光成像仪（图 12）、倒置荧光显微镜（图 13）13 台（套）购置

图 6　流动分析仪

图 7　总有机碳分析仪

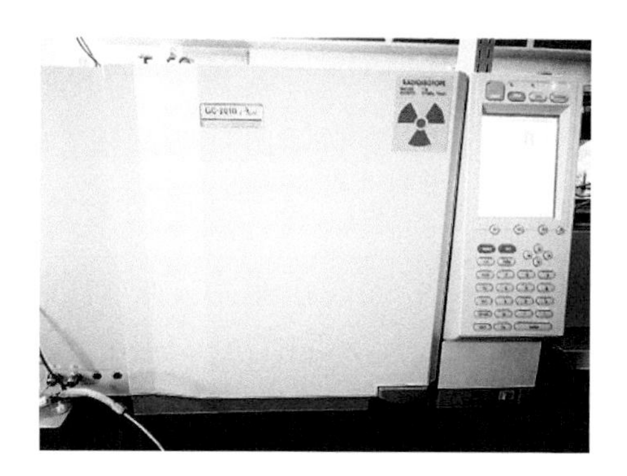

图 8　气相色谱仪

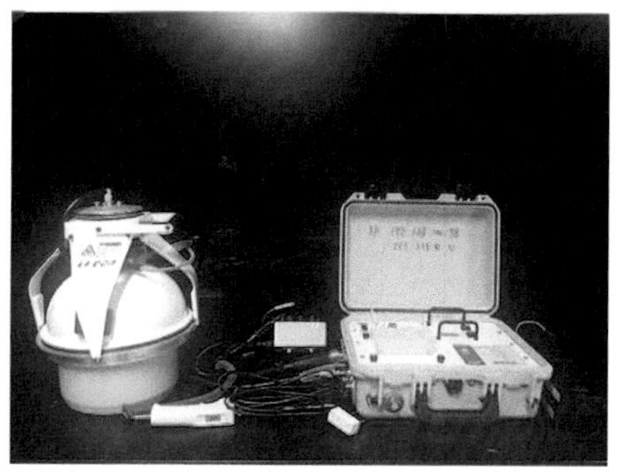

图 9　土壤呼吸监测仪

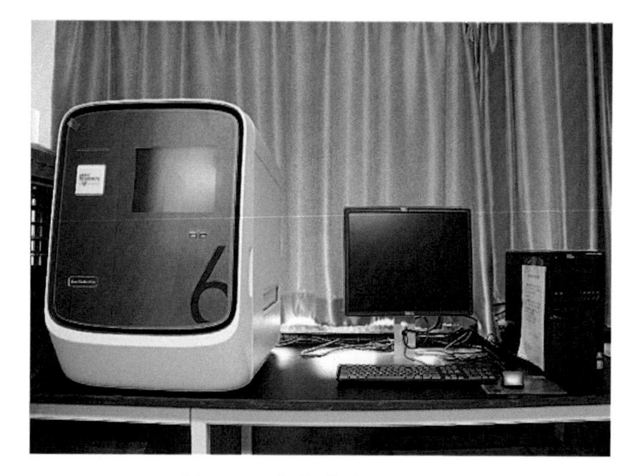

图 10　荧光定量 PCR 仪

图 11　全自动定氮仪

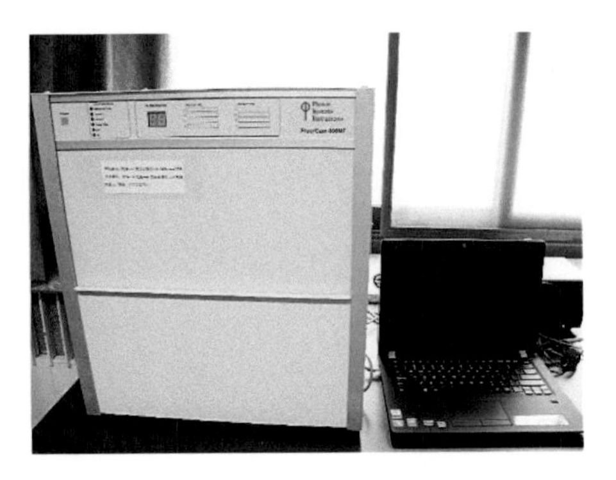

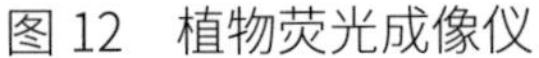
图 12　植物荧光成像仪

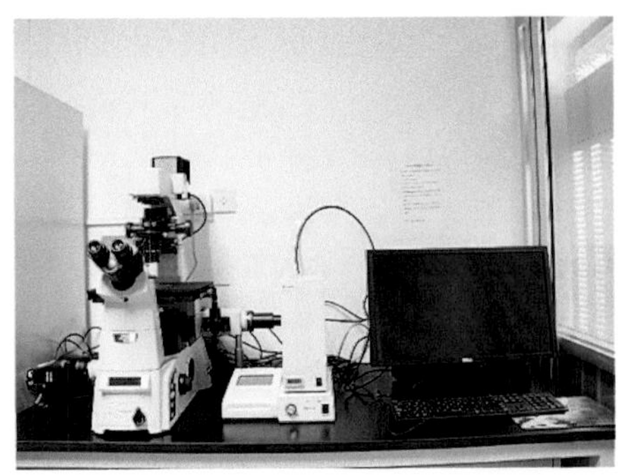

图 13　倒置荧光显微镜

工作。2017 年 6 月设备全部到货，完成安装、调试和验收，并投入使用，共完成投资 604.18 万元。

项目建设完成后，提升了实验室科研仪器设备等装备水平，增强了实验室的综合实力和整体优势，使实验室研究手段达到较高的水平；实现了研究数据高效处理、科技资源合理配置，使实验室基础设备仪器基本满足学科开展试验研究需要。提高了重点实验室的工作效率。使作物生理生态、作物栽培技术创新、现代农作制度、作物生长发育的分子基础和数字农业等方面的研发能力得到全面提升。项目对资源整合、学科交叉、综合集成、机制创新及产学研结合起到重要推动作用。

项目建设以来，重点实验室形成高产高效耕作栽培、可持续超高产、产量与品质同步优化等技术 7 项，制定高产高效栽培技术规程和标准 11 项，获得国家科技进步二等奖 2 项，获得专利 19 项，发表论文 175 篇，其中，SCI 收录 74 篇，编写图书 18 部。形成的作物生理生态理论与耕作栽培技术达到国际先进水平，使重点实验室成为国家作物科技创新基地和学术交流平台，为我国现代作物生产输送了高素质、高水平、创新型的科研、教学和管理等人才。

项目基本情况

建设单位	中国科学院作物科学研究所	建设地点	北京市海淀区
项目编号	2014-B1100-110108-G1202-025		
项目法人	刘春明	项目负责人	刘录祥
批复投资	760 万元	完成投资	604.18 万元
项目类型	仪器设备购置	投资方向	国家级科研院所
验收单位	中国农业科学院	验收时间	2017 年 11 月
项目实施概况	2014 年 3 月，农业部以“农计发〔2014〕17 号”文件批准该项目立项。2014 年 12 月，农业部办公厅以“农办计〔2014〕136 号”文件批复该项目初步设计概算。 该项目建设完成植物生理生态监测系统、超高效液相色谱仪、同位素质谱仪、植物光合测定仪、微波消解仪、流动分析仪、总有机碳分析仪、气相色谱仪、土壤呼吸监测仪、荧光定量 PCR 仪、全自动定氮仪、植物荧光成像仪、倒置荧光显微镜 13 台（套）购置工作。2017 年 6 月设备全部到货，完成安装、调试和验收，并投入使用，共完成投资 604.18 万元。项目 2014 年 12 月开工建设，2017 年 11 月 24 日通过了中国农业科学院组织的竣工验收。		
支撑的学科方向	作物栽培与耕作学。主要的应用方面有：基础科学研究的平台；作物栽培与耕作技术；作物生长诊断与检测；作物化控技术；作物系统模型；生态农业与可持续农业。		

04 中国农业科学院植物保护研究所作物有害生物综合治理重点实验室建设项目

近年来，受全球气候变化、农业产业结构调整、耕作制度改变、经济一体化和病虫害致害性变异等因素影响，我国农业生物灾害问题愈加突出。植物保护科学技术主要面临以下严峻问题：一是农业有害生物致害性变异，毁灭性农作物病虫草鼠害发生面积不断扩大，暴发频率愈加频繁；二是危险性外来入侵生物严重导致农业经济损失与生态破坏，加重和突出了农业生物灾害问题；三是转基因作物的大面积商业化种植对环境是否存在可能的风险；四是农药的过度使用造成靶标生物的抗药性、农药残留和害虫再猖獗，不良生态后果以及人畜中毒事件时有发生。为确保国家粮食安全、生态安全、人类健康和农业可持续发展，维护我国农村和社会稳定，促进国际农产品贸易，继续保持国家经济平稳较快发展的重大需求，加强植物保护学科的建设已摆在头等重要的位置。农业部重点实验室体系是国家农业科技创新体系的重要组成部分，是凝聚和培养优秀农业科技人才，组织行业科技创新，开展学术交流的重要基地，是农业科技创新的主力军。中国农业科学院植物保护研究所作物有害生物综合治理重点实验室作为作物有害生物综合治理学科群的综合性重点实验室，负责组织、指导与引领植保学科发展，具有学科群龙头的作用。基于植保学科和产业发展需求，结合综合性实验室现有学科发展状况和装备条件，本着扶优扶强的原则，项目建设重点加强“植物重大害虫生物学及协同进化机制”“农作物有害生物分子生物学和功能基因组学及生物信息学基础”“农药化学与应用”“生防微生物与天敌的利用”和“农作物有害生物综合信息监测物联网”5 个方向的研究与条件建设。

中国农业科学院植物保护研究所 2013 年 9 月上报了农业部作物有害生物综合治理重点实验室建设项目的可行性研究报告，2013 年 11 月获得该项目可行性研究报告批复（农计函〔2013〕291 号）；2014 年 1 月上报项目的初步设计及概算，2014 年 5 月获农业部批复（农办计〔2014〕34 号）。2014 年 8 月参加农业部工程建设服务中心和北京方正联工程咨询有限公司组织的统一采购招标。2015 年 4 月设备开始陆续交付并完成安装调试。2017 年 12 月通过了中国农业科学院组织的竣工验收。该项目购置高速流式细胞分选仪 1 套（图 1）、超高效液相—软电离气相—串级质谱仪 1 套（图 2）、全自动发酵罐 1 套（图 3）、昆虫细胞离子流成像仪 1 套（图 4），建成作物有害生物学科物联网数据中心。

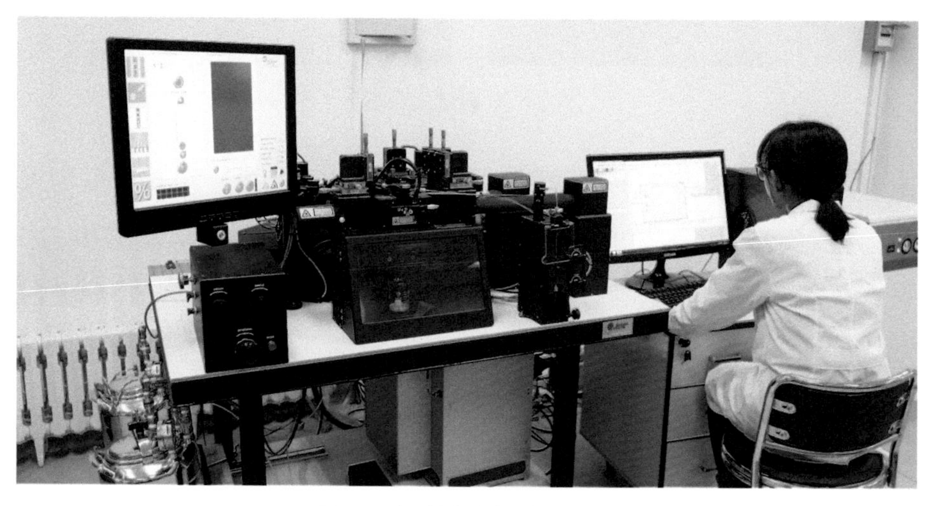

图 1　高速流式细胞分选仪

图 2　超高效液相—软电离气相—串级质谱仪

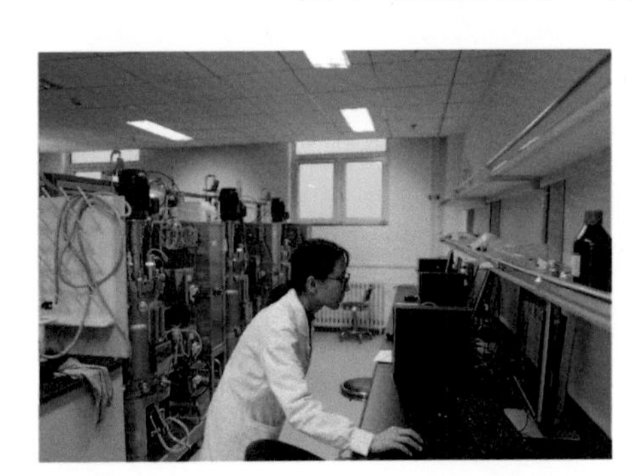

图 3　全自动发酵罐

通过昆虫细胞离子流成像仪的购买与利用，开展农业害虫为害行为机理、植物—害虫—天敌的化学通信和相互作用、植物—害虫—天敌的协同进化等方面的研究，为昆虫行为的生态调控提供科学依据和新方法，提高实验室在植物保护学、化学生态学、昆虫生理学和神经学等研究领域的科技创新能力。通过高速流式细胞分选仪的购买与利用，从细胞和分子水平认识“作物—有害生物—生物防治因子”之间的分子作用网络，阐明作物受到有害生物危害的发

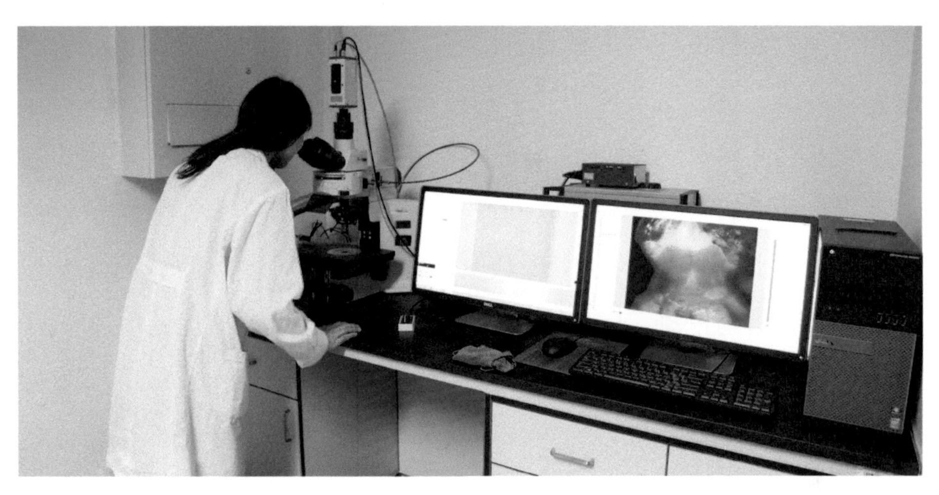

图 4　昆虫细胞离子流成像仪

病机理，了解作物对有害生物的抗性机制以及生防因子对有害生物的杀伤机制，发现新的生物防治靶点，获得新的在防治措施，从本质上升级植物保护技术与方法，显著提升科技创新能力。随着研究平台的建立和完善，高水平研究论文创新高，两年来在院选顶尖核心期刊发表论文 10 篇，人才培养更是取得重大突破，王桂荣研究员荣获国家自然科学基金委员会国家杰出青年科学基金资助，这是 5 年来中国农业科学院唯一一位。宋福平、周忠实研究员入选国家“万人计划”。通过全自动发酵罐的购买与利用，开展生防微生物液体深层发酵工艺研究，优化不同微生物的发酵及过程调控参数，实现微生物发酵过程的全自动级联控制，建立蛋白诱抗剂、多杀菌素、细胞分裂素等有效代谢产物定向发酵调控工艺，开发创制高活性的生物防治新产品与工程制剂，促进以生物防治为主的病虫害无公害防治技术体系的发展。植保生物技术研究室利用该平台，成功研制成国内第一例转基因 BT 工程菌，获得农药登记证，为重大害虫的绿色防控提供了产品支撑。通过超高效液相—软电离气相—串级质谱仪的购买与利用，快捷、高效、准确地完成典型农业生态体系下农

药和靶标生物挥发物等多种具有毒理学意义的有机污染物剂量时空动态监测分析，提高农业使用效率和科学用药，构建我国农药高效安全科学施药技术体系，从而显著减少化学药剂用量，改善生态环境。通过建设作物有害生物学科物联网数据中心，与学科群科学观测试验站的物联网数据节点联网，实现数字化共享；基于多年的基础数据积累，深入整合与挖掘，完善有害生物监测预警技术；这个平台为农业部运筹多年的国家农业试验站“基础性、长期性监测”的顺利实施打下坚实的基础，目前该系统正在通过几个方面发挥积极的作用。最终构建起覆盖全国作物综合治理学科群所有区域重点实验室和科学观测试验站的农作物有害生物信息监测物联网，实现对全国范围内农作物有害生物的实时监测，提升农业有害生物的预警与控制能力，进一步增强农业防灾减灾能力，具有显著的社会效益。

项目建成后新增固定资产 1 232 万元。本项目通过整合资源、创新机制、搭建平台，以仪器设备购置为重点，对农业部作物有害生物综合治理重点实验室的条件进行改善，将促进解决植保科技关键技术问题，统筹协调专业性（区域性）重点实验室和野外科学观测试验站，形成三者紧密配合、分工协作、布局均衡全面的植物保护科技体系。针对我国植保行业工作中可能出现的问题，积极研究应对策略，并为解决相关问题提供有效方法和策略，确保国家粮食安全、生态安全、经济安全与公共安全。购置的仪器纳入研究所公共仪器平台统一管理和维护，向所内外开放，超高效液相—软电离气相—串级质谱仪 26 次 / 月、昆虫细胞离子流成像仪 4 次 / 月、高速流式细胞分选仪 8 次 / 月；发酵罐 4 次 / 月。2014—2016 年，鉴定克隆抗病虫基因、调控基因或候选靶标基因 15 个，制定病虫害检测预防、药效及残留控制等国家标准 4 项，行业标准 27 项，集成创新有害生物防控体系 5 套，圆满完成了项目的绩效目标。

项目基本情况

建设单位	中国农业科学院植物保护研究所	**建设地点**	北京市海淀区圆明园西路2号
项目编号	2013-B1100-110108-G1201-005		
项目法人	周雪平	**项目负责人**	高松
批复投资	1 232 万元	**完成投资**	1 232 万元
项目类型	综合性重点实验室	**投资方向**	农业部重点实验室
验收单位	中国农业科学院	**验收时间**	2017 年 12 月 21 日
项目实施概况	2013 年 11 月，农业部以“农计函〔2013〕291 号”文件批复了该项目可行性研究报告。2014 年 5 月，农业部以“农办计〔2014〕34 号”文件批复该项目初步设计和概算。 2014 年 8 月进行设备采购招标，2017 年 12 月 21 日通过了中国农业科学院组织的竣工验收。		
支撑的学科方向	作物有害生物综合治理		

05 农业部设施农业节能与废弃物处理重点实验室建设项目

农业部设施农业节能与废弃物处理重点实验室是农业部设施农业学科群的5个专业性实验室之一。担负着设施农业节能减排科技创新的重要任务，尤其近一段时期以来，我国能源短缺和环境问题压力突出，设施栽培能耗高、设施养殖环境污染威胁大等现实问题严重影响产业的可持续发展。围绕设施农业节能与废弃物处理科研方向亟待解决的难题，进行设施栽培高效储能技术与装备、低成本绿色能源利用关键技术、设施养殖有害和温室气体减排技术、设施养殖废弃物无害化处理和资源化利用等相关研究，显得尤为迫切。但由于实验室现有的基础设施陈旧、科研仪器与设备手段相对落后，难以适应设施农业节能与废弃物处理科技创新的需求，亟待通过相关建设项目加以解决。

中国农业科学院农业环境与可持续发展研究所在2013年申请了农业部设施农业节能与废弃物处理重点实验室建设项目，2013年11月获得农业部批复立项。2014年8月开始项目仪器设备招标，2017年2月通过了中国农业科学院组织的竣工验收。该项目购置温室环境立体监测设备（图1）、光合测定仪（图2）、近红外分析仪（图3）、冷冻干燥机（图4）、植物生理生态监测系统（图5）、养殖环境立体监测设备（图6）、总有机碳分析仪（图7）、光声谱多气

图 1　温室环境立体监测设备

图 2　光合测定仪

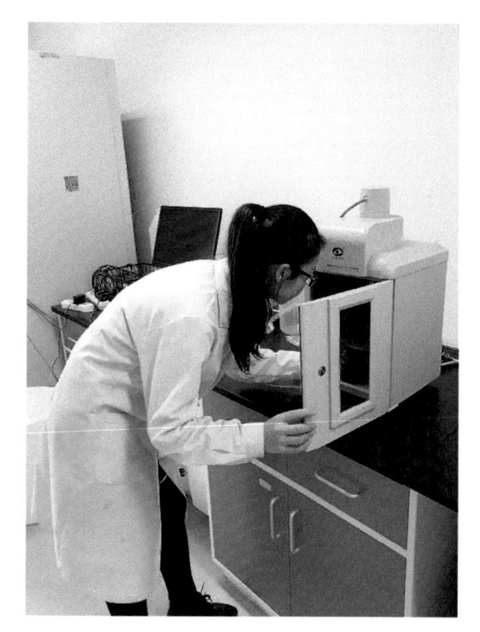

图 3　近红外分析仪

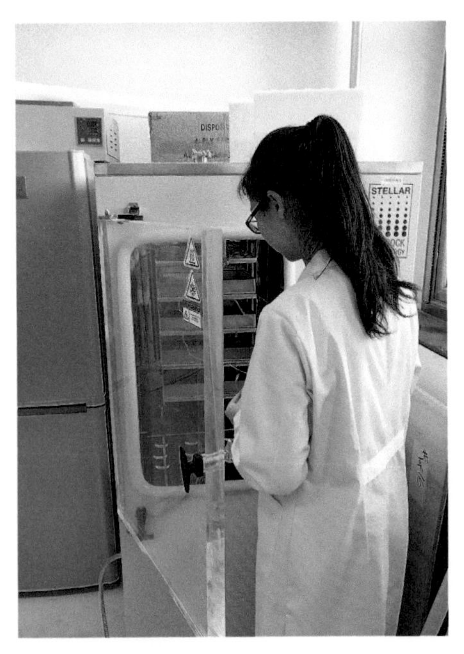

图 4　冷冻干燥机

图 5　植物生理生态监测系统

图 6　养殖环境立体监测设备

图 7　总有机碳分析仪

体检测仪、动物生理信号遥测系统、液相色谱仪（图 8）、多标记微孔板检测系统、实验台、超低温冰箱、冷冻切片机共计 14 台（套）仪器设备。改造实验室 60m^2。共完成投资 708 万元。

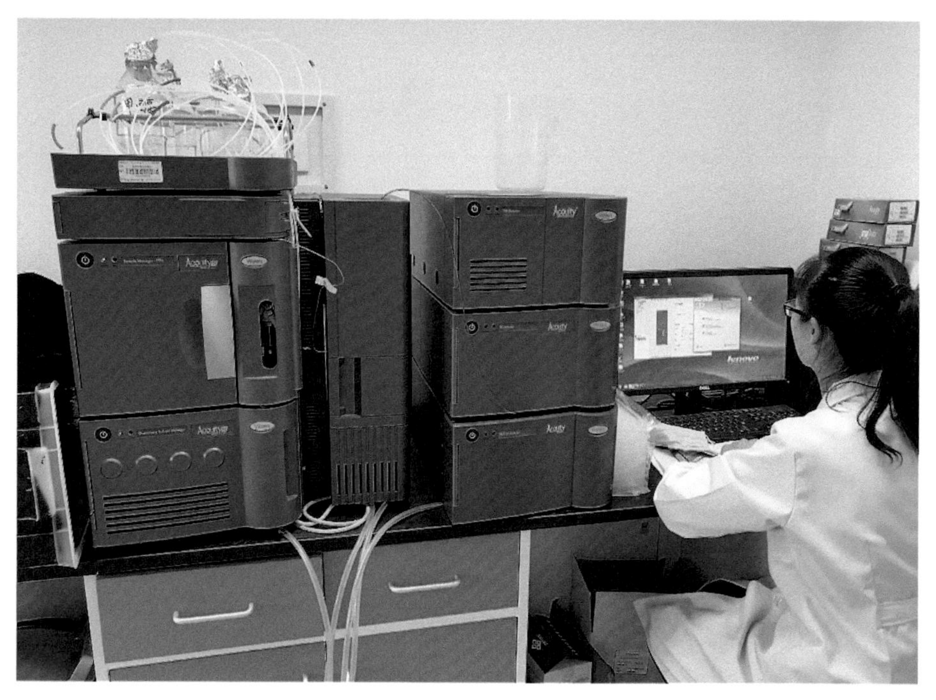

图 8　液相色谱仪

项目完成后，设施农业节能与废弃物处理科学研究的相关仪器、设备及配套装备更加完善，专业性重点实验室的科研条件进一步改善，推进了优势学科的快速发展。同时，实行“开放、流动、联合、竞争”的运行机制，实验室建立了较为完善的实验室管理规章制度，创建了大型仪器、数据、信息和知识产权与学科群内其他实验室的共享方案，已开展多家实验室的共享工作，为设施农业学科群的发展贡献了重要力量。实验室围绕设施农业节能与减排工程、资源高效利用型植物工厂、养殖废弃物处理工程研究方向开展研究工作，主持与承担各类科研项目 37 项。在设施农业节能策略及配套装置研发、植物工厂节能光源与蔬菜品质调控研究、养殖废弃物处理及资源化利用研究等方面取得关键技术突破 8 项，研制相关装备 5 套。

项目基本情况

建设单位	中国农业科学院农业环境与可持续发展研究所	建设地点	北京市海淀区中关村南大街 12 号
项目编号	2013-B1100-110108-G1202-020		
项目法人	张燕卿	项目负责人	朱昌雄
批复投资	708 万元	完成投资	708 万元
项目类型	专业性 / 区域性重点实验室	投资方向	农业部重点实验室
验收单位	中国农业科学院	验收时间	2017 年 2 月 22 日
项目实施概况	2013 年 11 月，农业部以“农计函〔2013〕290 号”文件批复项目可行性研究报告。2014 年 5 月，农业部以“农办计〔2014〕47 号”文件批复项目初步设计和概算。 2014 年 8 月开始仪器设备招标，项目购置仪器设备 2017 年 12 月全部到货，并完成安装验收。2017 年 2 月 22 日完成项目正式验收。		
支撑的学科方向	设施农业节能策略及配套装置研发、植物工厂节能光源与蔬菜品质调控研究、养殖废弃物处理及资源化利用		

06 农业部旱作节水农业重点实验室建设项目

农业部旱作节水农业重点实验室是农业部作物高效用水学科群的 4 个专业性实验室之一。实验室紧紧围绕我国旱作农业区降水少、利用率低、利用难度大的问题，以提高降水利用效率为核心，以旱作农田降水转化、抗旱节水制剂与材料及应用和旱作农作制度优化为主攻方向，开展旱作节水农业的应用基础研究，揭示旱作农田水—土—气—生之间的相互作用关系与调控机理，发展旱作节水农业科学的理论与方法，创新旱作节水农业模式和技术体系，支撑我国旱作农业的可持续发展。由于实验室特别是综合性重点实验室科研条件尚需进一步改善，学科共享服务能力有待进一步提升。

中国农业科学院农业环境与可持续发展研究所在 2013 年申请了植物工厂物联网应用研究项目，2013 年 11 月获得农业部批复立项。2014 年 8 月开始项目仪器设备招标，2017 年 12 月通过中国农业科学院组织的竣工验收。该项目购置植物光合测定仪、植物生理生态监测系统、质谱检测器（图 1）、荧光定量 PCR 仪（图 2）、微生物鉴定系统、总有机碳分析仪、流动注射仪（图 3）、原子吸收分光光度计（图 4）、高速冷冻离心机（图 5）、多气体分析仪、同位素质谱仪（图 6）、多用途在线气体制备和导入系统各 1 台（套），电阻层析成像系统 2 台，共计 14 台（套）仪器设备。共完

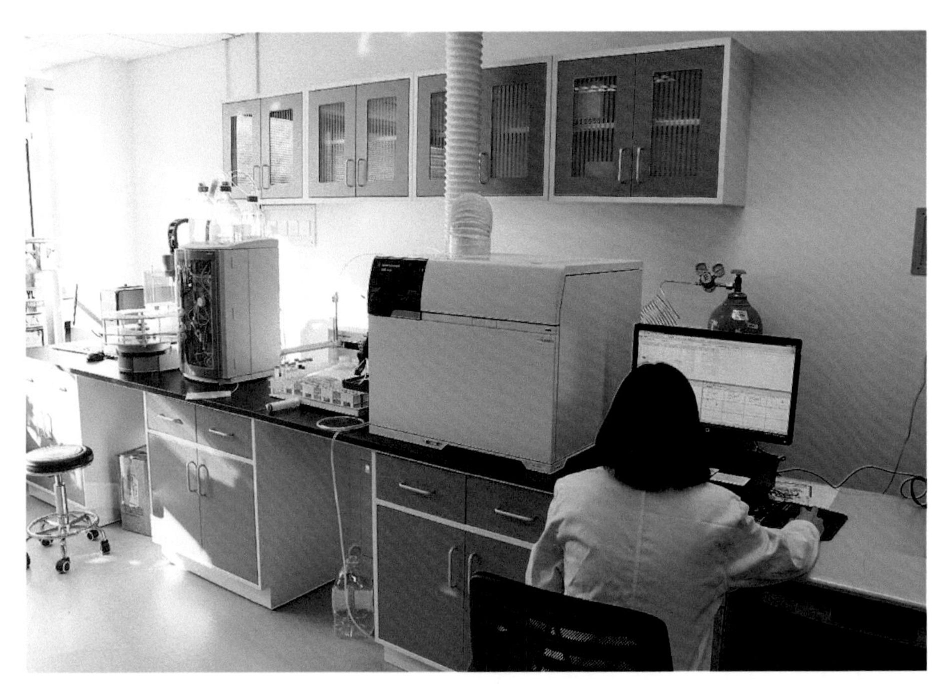

图 1　质谱检测器

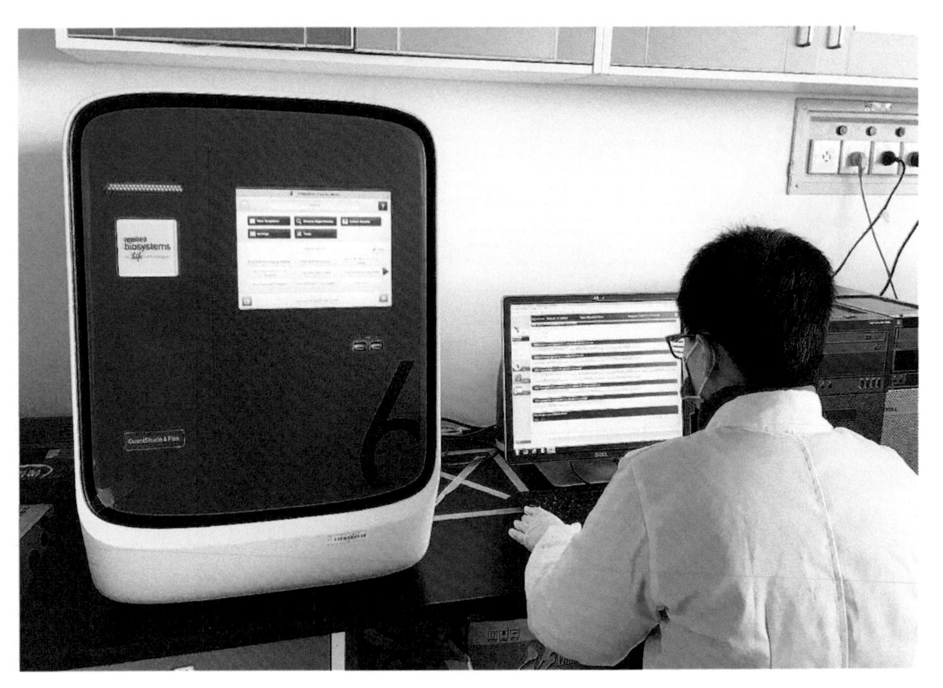

图 2　荧光定量 PCR 仪

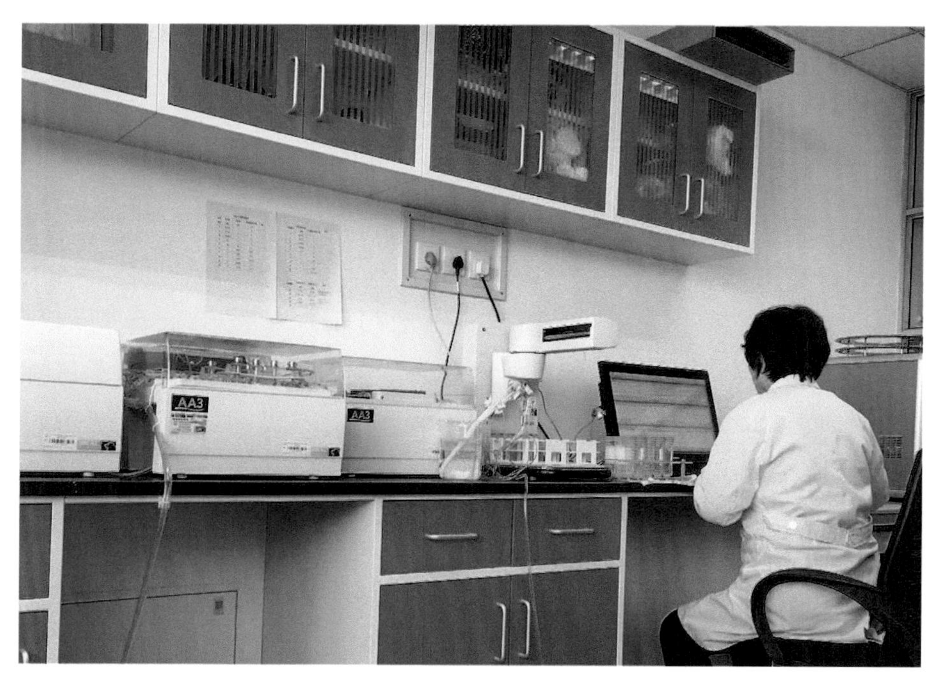

图 3　流动注射仪

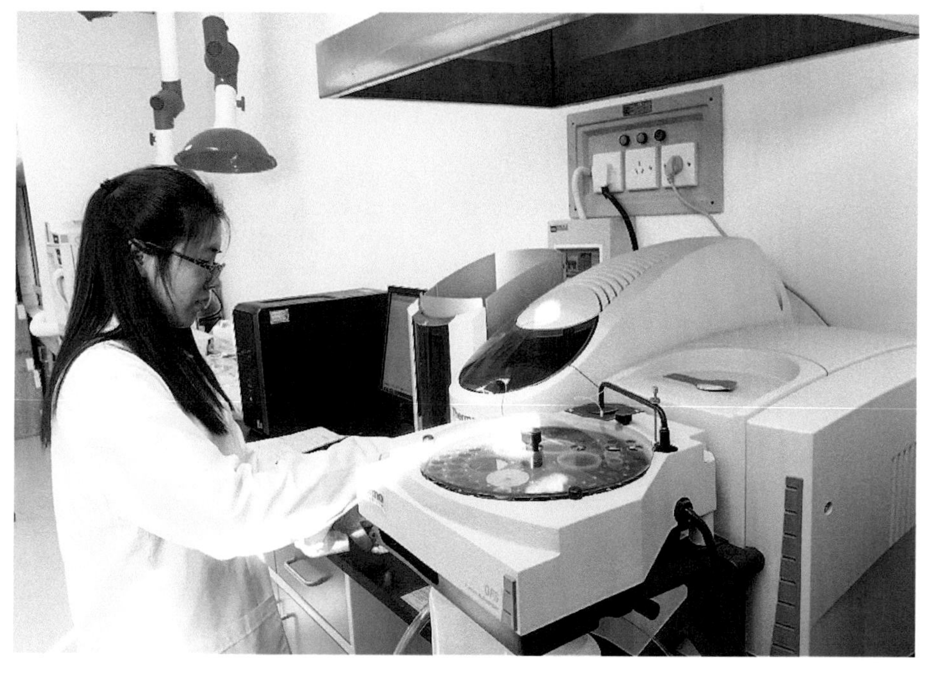

图 4　原子吸收分光光度计

图5　高速冷冻离心机

成投资809万元。

项目完成后，提升了旱作节水农业科学研究的相关仪器设备及配套装备等科研条件水平，为旱地农田降水高效转化机理与调控、抗旱节水制剂与材料、旱作节水农作制度与技术模式研究提供了科学研究实验平台。实验室建立了大型仪器设备专管公用、开放共享机制，向作物高效用水学科群各依托单位及社会开放。专业性重点实验室和野外科学观测试验站，形成紧密配合、分工协作、布局均衡全面的作物高效用水科研体系，推进了优势学科的快速发展。

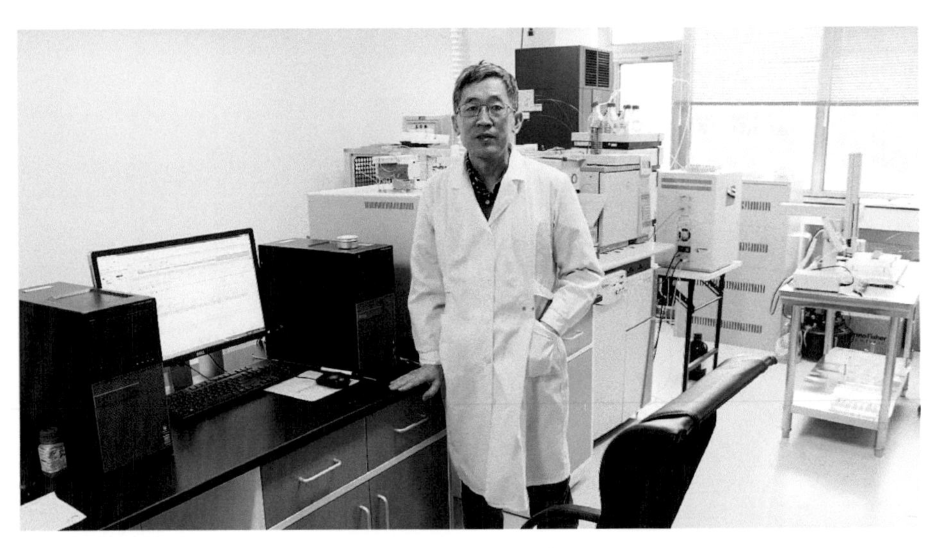

图6　同位素质谱仪

项目基本情况

建设单位	中国农业科学院农业环境与可持续发展研究所	**建设地点**	北京市海淀区中关村南大街 12 号
项目编号	2013-B1100-110108-G1202-024		
项目法人	张燕卿	**项目负责人**	朱昌雄
批复投资	809 万元	**完成投资**	809 万元
项目类型	专业性 / 区域性重点实验室	**投资方向**	农业部重点实验室
验收单位	中国农业科学院	**验收时间**	2017 年 12 月 26 日
项目实施概况	2013 年 11 月，农业部以“农计函〔2013〕285 号”文件批复项目可行性研究报告。2014 年 5 月，农业部以“农办计〔2014〕30 号”文件批复项目初步设计和概算。 2014 年 8 月开始仪器设备招标，项目购置仪器设备 2017 年 5 月全部到货，并完成安装验收。2017 年 12 月 26 日完成项目正式验收。		
支撑的学科方向	旱作农田降水转化、抗旱节水制剂与材料及应用、旱作农作制度优化		

07 中国农业科学院农业环境与可持续发展研究所植物工厂物联网应用研究项目

《国家中长期科学和技术发展规划纲要（2006—2020年）》提出："积极发展工厂化农业，提高农业劳动生产率"的发展战略。"十二五"国家863计划现代农业技术领域战略规划指出"加快农业智能装备技术开发，推进农业高技术发展"。并将"智能植物工厂关键技术研究与示范"项目列入优先资助领域。同时，《物联网"十二五"发展规划》也明确提出，智能农业将成为率先构建的10个重点应用示范领域之一，力争实现规模化应用。

中国农业科学院农业环境与可持续发展研究所在2012年申请了植物工厂物联网应用研究项目，2013年获得农业部批复立项。2015年7月项目开始工程和仪器设备招标，2016年1月工程部分开工建设，2017年12月通过中国农业科学院组织的竣工验收。该项目改造植物工厂816m^2，其中，叶菜植物工厂353m^2、食用菌工厂463m^2；购置智能感知系统硬件设备26台（套）、叶菜人工光源系统等环境智能控制系统硬件设备61台（套）、数据处理及网络平台硬件设备25台（套），购置数据库系统软件2套，开发物联网平台应用软件1套，并进行系统集成。共完成投资600万元。

项目完成后，初步建立了以物联网为核心的植物工厂智能化管控研发平台（图1），将物联网技术和设施农业智能化管控有机地

图 1　植物工厂物联网应用研究平台

融合在一起，为设施环境下作物生长发育与环境要素之间交互作用的规律研究、生长模型的构建提供有效的技术手段。构建完成了不同湿度、光环境和水肥条件下作物生长的数据模型，研发完成了具有自主知识产权的生命感知智能传感器和基于叶菜、食用菌工厂化生产的农业物联网应用软件。实现了良好的社会、经济和生态效益，通过物联网信息管理平台，实现了作物的精细化管理，节约生产及运行成本，保证优质蔬菜、食用菌的产出率（图 2~ 图 5），为建立现代化农业输出信息化、智能化的管理体系，全面实现设施农业的高产、优质、安全、生态和智能化管理，提供了有效的技术支撑。

图 2　叶菜植物工厂改造 -1

图 3　叶菜植物工厂改造 -2

图 4　食用菌工厂改造 -1

图 5　食用菌工厂改造 -2

项目基本情况

建设单位	中国农业科学院农业环境与可持续发展研究所	建设地点	北京市海淀区中关村南大街 12 号
项目编号	2013-B1100-110108-J0201-001		
项目法人	张燕卿	项目负责人	朱昌雄
批复投资	600 万元	完成投资	600 万元
项目类型	中国农业科学院	投资方向	国家级科研院所
验收单位	中国农业科学院	验收时间	2017 年 12 月 26 日
项目实施概况	2012 年 12 月，农业部以“农计函〔2012〕208 号”文件批复项目可行性研究报告。2013 年 7 月，农业部以“农办计〔2013〕56 号”文件批复项目初步设计和概算。2015 年 6 月下达项目投资计划 600 万元。 2016 年 1 月项目工程开工，2016 年 4 月工程竣工；项目购置仪器设备 2017 年 7 月全部到货，2017 年 12 月全部设备完成安装验收。2017 年 12 月 26 日完成项目正式验收。		
支撑的学科方向	农业环境工程科学。主要的应用方面有：设施农业智能化管控；物联网技术在农业环境工程方面的应用等。		

08 中国农业科学院蜜蜂研究所授粉昆虫生物学重点实验室建设项目

近年来，随着科学技术的进步与发展，世界养蜂业发生了巨大变化。由注重产量增长向优质高产高效、产量与质量并重方向发展。在常规研究中大量引进了新的生物技术，极大地促进了蜂业的科学水平和产业整体水平的提高。国家从政策保障、技术创新和资金投入多个方面对蜂产业给予了极大的支持。随着我国经济社会的高速增长，以蜜蜂熊蜂等授粉昆虫及其相关产业的科技创新面临一系列新的国家需求，如现代化蜜蜂养殖技术、蜜蜂病害防控体系、高效授粉技术及优质蜂种选育等。目前，我国蜂产业学科布局还不够完善，各地既有的蜜蜂研究所均为各级农业科学院的“新、小、弱”所。普遍存在学科发展定位不明确、优先领域和重点研究方向不清晰等问题。重点实验室的条件能力建设尚不能满足学科发展和产业发展需求，基础设施不完善，仪器设备数量不足，虽然经过近几年不断地投入，但是仍不能完全满足科技创新体系建设的需求。其具体表现为：仪器设备购置时间长，出现老化严重、故障增多、灵敏度难以满足要求等现象；仪器设备种类不全，仪器设备功能配置低、配件缺少、自动化程度低，无法进行大批量、多项目、高效率的实验研究，与目前国际领先水平的研究机构相比有明显的差距等问题。农业部授粉昆虫生物学重点实验室建设项目从我国以蜜蜂为主的授粉昆虫及昆虫授粉的宏观角度进行学科布局，各研究方向涵盖了我国蜂产业所涉及的主要领域，提供高精尖仪器，为产业发展提供良好的技术支撑。

中国农业科学院蜜蜂研究所于 2014 年申请了农业部授粉昆虫生物学重点实验室建设项目，同年获批准立项。2015 年 7 月，农业部以《农业部办公厅关于中国农业科学院蜜蜂研究所授粉昆虫生物学重点实验室建设项目初步设计和概算的批复》（农办计〔2015〕49 号）文件批复该项目初步设计和概算。2016 年 1 月与仪器公司签署合同，该项目共投资 832 万元，批复购置 8 台（套）仪器，分别是超高效液相色谱仪（图 1）、质谱检测器（图 2）、流式细胞仪（图 3）、超高速冷冻离心机（图 4）、活细胞工作站（图 5）、遗传分析系统（图 6）、激光共聚焦显微镜（图 7）和荧光定量 PCR 仪（图 8）。2016 年 10 月，完成项目批复全部建设内容，并完成仪器安装调试。2017 年 12 月通过了农业部组织的竣工验收。

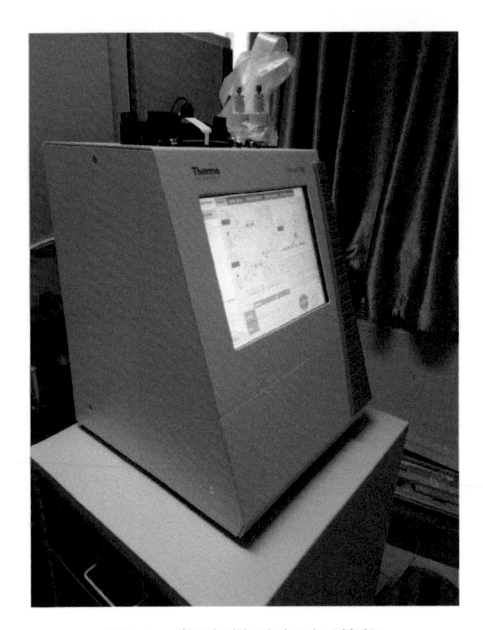

图 1　超高效液相色谱仪

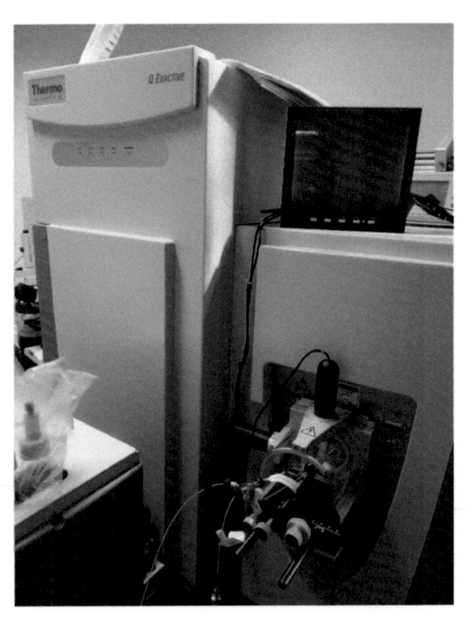

图 2　（四极杆—超高分辨）质谱检测器

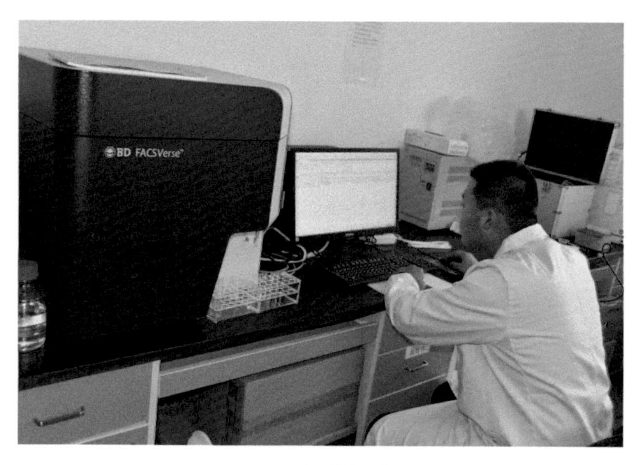

图 3　流式细胞仪

图 4　超高速冷冻离心机

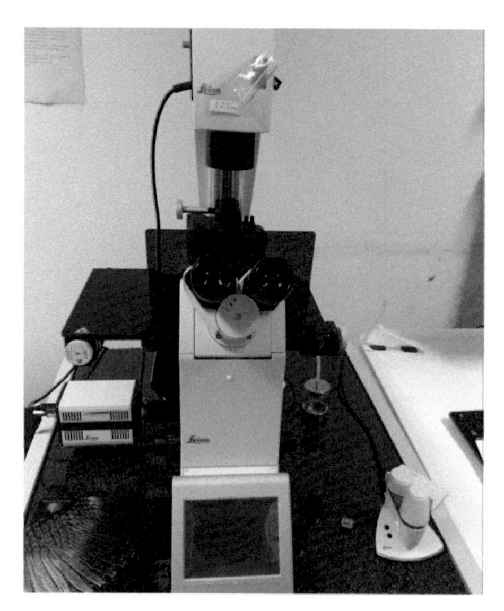

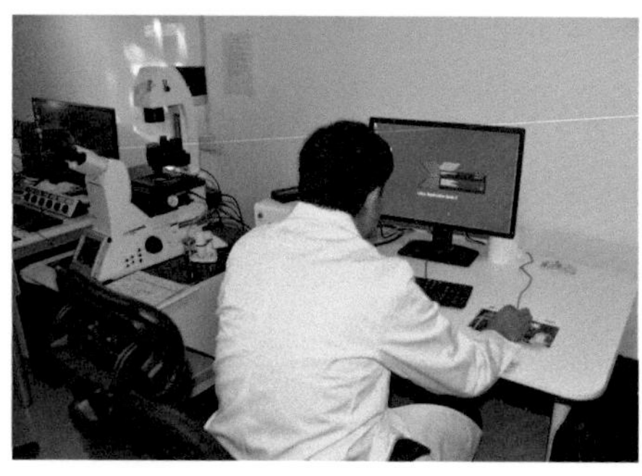

图 5　活细胞工作站

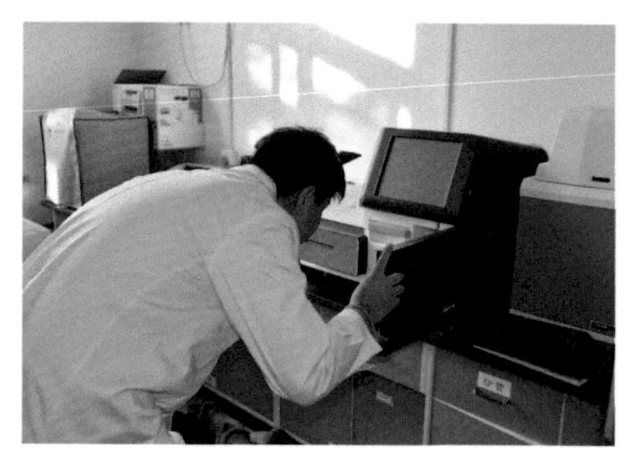

图 6　遗传分析系统

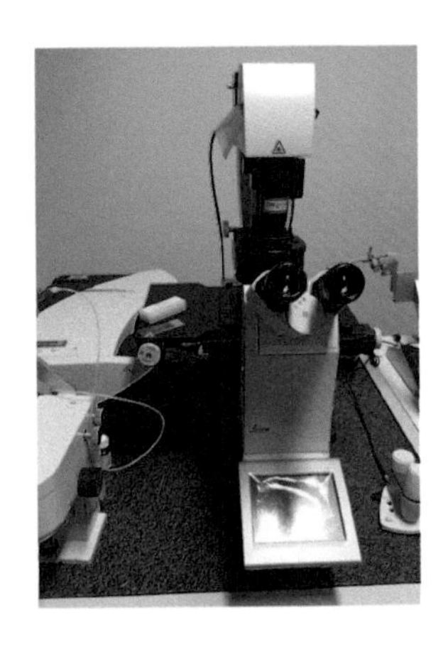

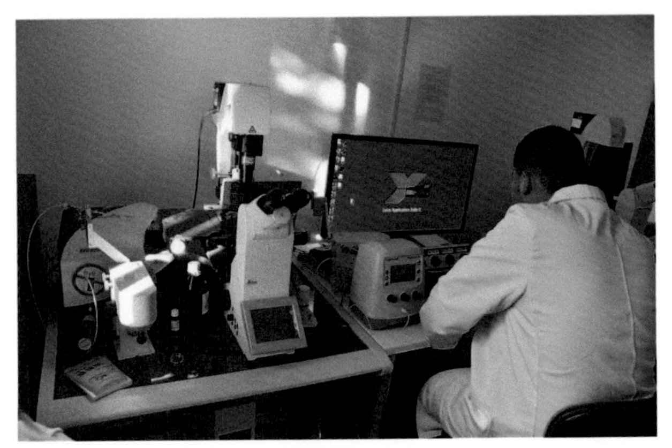

图 7　激光共聚焦显微镜

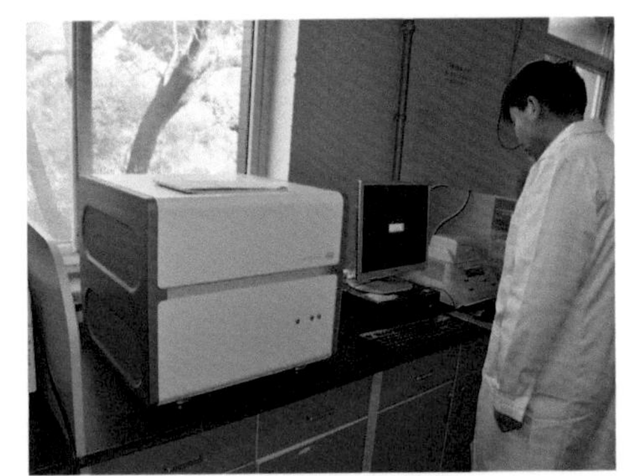

图 8　荧光定量 PCR 仪

通过项目实施，建设单位按照动物遗传育种学科群相关的任务分工开展授粉昆虫生物学基础与共性技术研究，显著提升了实验室基础设施水平和科技创新能力，进一步解决了我国蜜蜂学及其相关领域中的基础性、方向性、全局性和关键性的重大科技问题，突破一系列关键技术，解决蜂产业相对资源不足、生产水平落后、服务方式落后等突出问题，完善了重点实验室的科研设施条件，搭建了相对完善的科研共享平台，为今后蜂产业发展提供新理论、新技术，进一步提升了我国蜂产业整体的技术水平，促进了我国农业经济的结构调整和转型，达到了预期目标。

项目基本情况

建设单位	中国农业科学院蜜蜂研究所	建设地点	北京市
项目编号	2015-B1100-110108-G1202-001		
项目法人	王加启	项目负责人	徐书法
批复投资	832 万元	完成投资	832 万元
项目类型	仪器购置	投资方向	国家级科研院所
验收单位	中国农业科学院	验收时间	2017 年 12 月 27 日
项目实施概况	2015 年 7 月，农业部以“农办计〔2015〕49 号”文件批复该项目初步设计和概算。 授粉昆虫生物学重点实验室建设项目于 2016 年 1 月 19 日开工建设（公开招投标），2016 年 10 月项目建设仪器设备全部到货并验收合格，投入使用。2017 年 12 月 27 日完成项目正式验收。		
支撑的学科方向	动物遗传育种与繁殖。主要的应用方面有：动物重要经济性状遗传解析；动物育种理论与技术；动物遗传资源保护与利用；授粉昆虫生物学。		

09 中国农业科学院饲料研究所农业部饲料生物技术重点实验室建设项目

我国是世界第二大饲料生产国。2016 年全国工业饲料产量超过 2.09 亿 t。饲料工业前承种植业、后接养殖业，是我国农业生产中工业化程度最高的中轴产业，更是一个关联性、带动性极强的综合产业，饲料工业的发展带动了种植、养殖、加工、医药、食品、化工、机械制造等相关产业的发展，在国民经济发展中占有举足轻重的战略地位。对我国畜牧水产养殖业和饲料工业而言，生物饲料已成为保障其健康可持续发展的主流产品和核心产业。新型生物饲料的研发是以基因工程、蛋白质工程、发酵工程、代谢工程、生物化工和生物提取等高新技术为手段，开发环境友好、安全高效、具有市场开发潜力的高新技术饲料和饲料添加剂产品。发展饲料生物技术，开发优质、安全、高效、廉价、无公害的生物饲料已成为全球饲料和养殖业的焦点和热点。

中国农业科学院饲料研究所 2013 年申请了农业部饲料生物技术重点实验室建设项目，2013 年 11 月和 2014 年 5 月农业部批复了该项目可行性研究报告和初步设计与概算。2014 年 6 月项目开工建设，2017 年 2 月 15 日通过了中国农业科学院组织的竣工验收（图 1）。该项目购置了高分辨质谱仪（图 2）、蛋白质纯化系统（图 3）、遗传分析仪（图 4）、高效液相色谱仪（图 2）、多

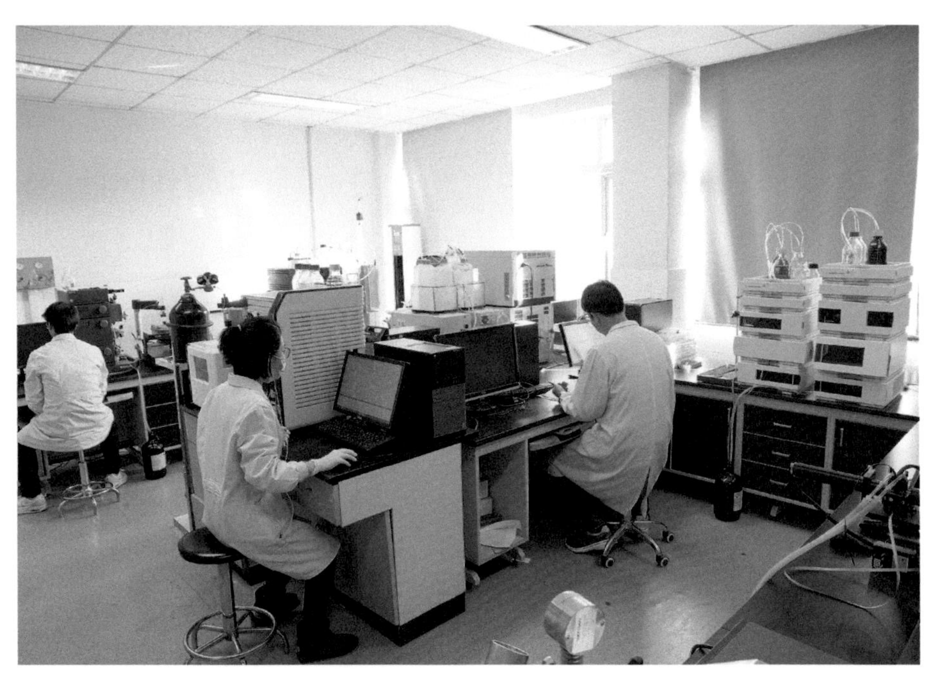

图 1　饲料生物技术重点实验室大型仪器平台

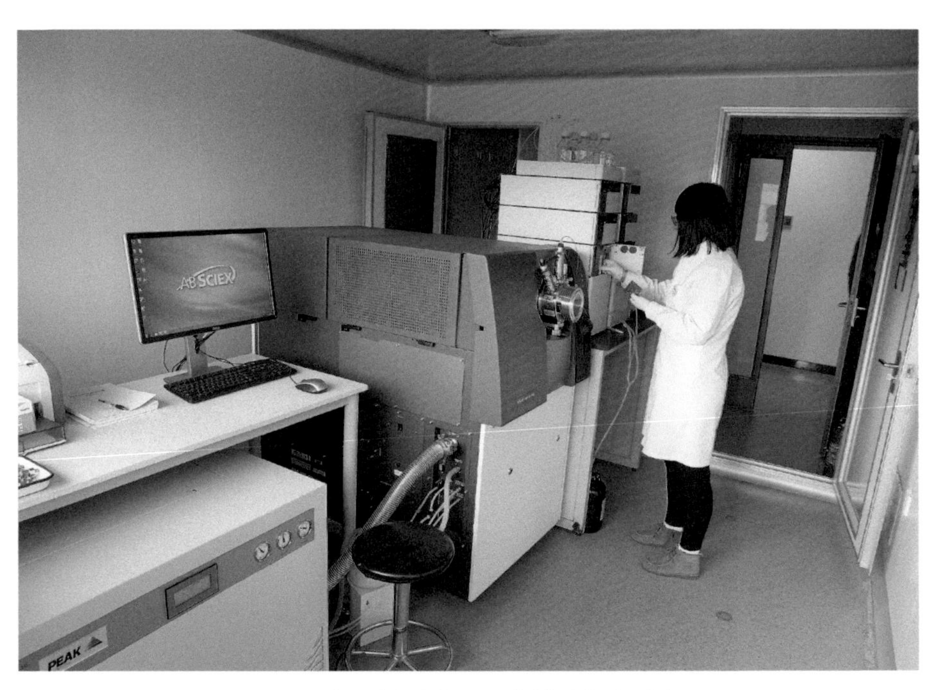

图 2　高分辨质谱仪和高效液相色谱仪

图 3　蛋白质纯化系统

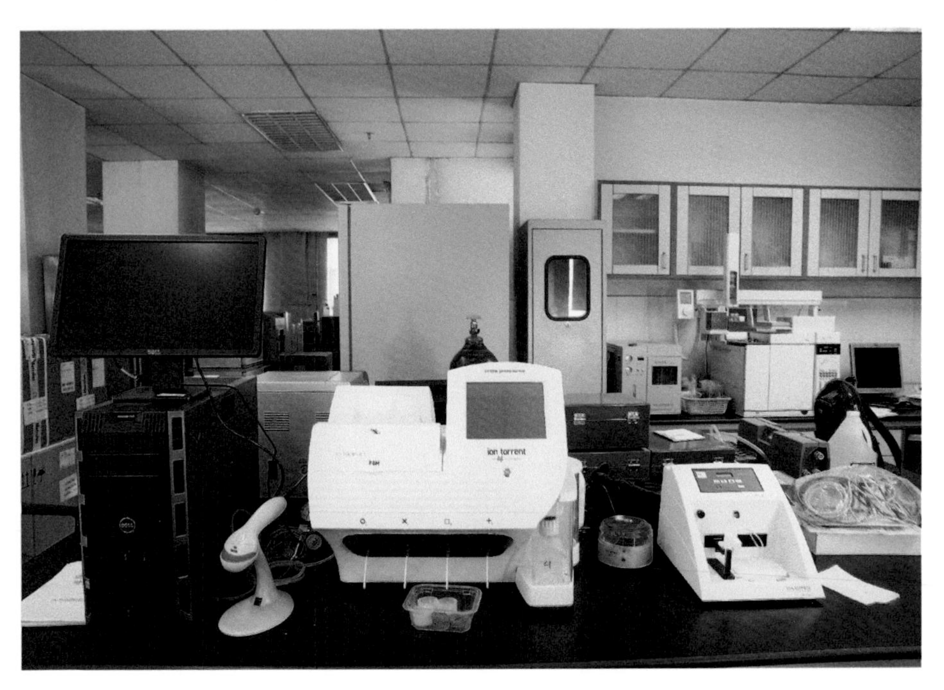

图 4　遗传分析仪

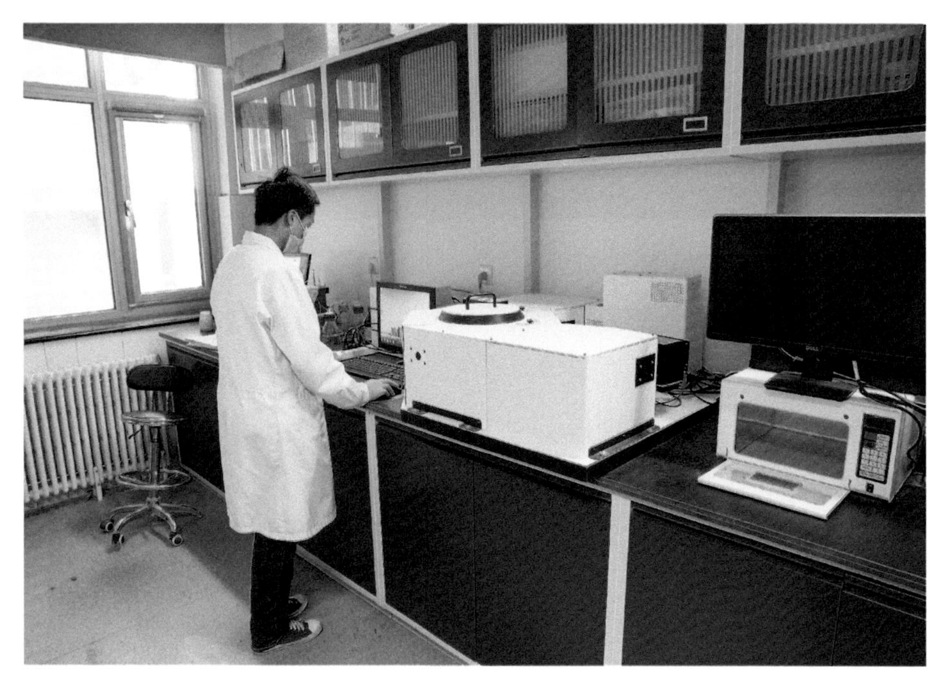

图 5　荧光分光光度计

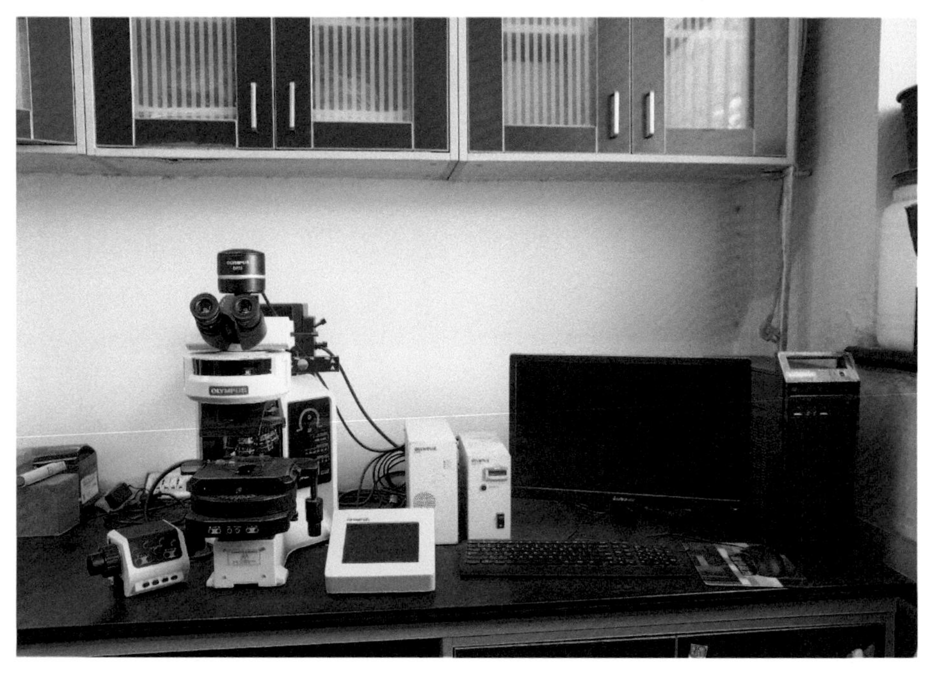

图 6　正置荧光显微镜

用电泳仪、多功能酶标仪、实时荧光定量 PCR 仪、荧光分光光度计（图 5）、全自动定氮仪、流式细胞仪、正置荧光显微镜（图 6）、冻干机、体式显微镜、紫外分光光度计等 14 台（套）仪器设备，2016 年 11 月完成全部建设内容并投入使用，共完成投资 715 万元。

通过项目建设，显著提升了农业部饲料生物技术重点实验室的仪器设备水平，为从整体上提升我国饲料生物技术领域的创新能力，解决我国饲料生物技术产业发展的重大关键技术问题，跟踪国际农业科技发展最新趋势，增强饲料生物技术研究方向的国际竞争力，实现饲料生物技术科研的跨越式发展，提供了强有力的科技条件支撑。

通过科研条件的不断改善，重点实验室能够应用现代分子生物学、基因工程、蛋白质工程和发酵工程等学科和技术的原理及手段，并与传统动物营养理论和技术密切结合，为研究所在饲用酶制剂、抗菌肽等饲料生物技术产品开发、成果集成和熟化，服务饲料行业，推动行业科技进步奠定了坚实的条件基础。该项目的建设构建了酶基因资源的高效挖掘、酶蛋白结构生物学及分子改良、酶高效表达机理研究及表达菌株的构建等研发平台，构建并完善了生物饲料产品高效生产和综合配套应用技术，实现了饲料用酶制剂的低成本产业化生产与推广应用，并使我国饲料用酶迅速具有国际竞争力。饲料生物技术重点实验室已经成为具有国内领先水平、国际知名的科学研究基地、高层次人才培养基地和国内外学术交流中心，社会、经济和生态效益显著（图 7）。

图 7　授权国内专利证书

项目基本情况

建设单位	中国农业科学院饲料研究所	建设地点	北京市海淀区中关村南大街 12 号
项目编号	2013-B1100-110108-G1202-021		
项目法人	齐广海	项目负责人	吴子林
批复投资	715 万元	完成投资	715 万元
项目类型	专业性 / 区域性重点实验室	投资方向	农业部重点实验室
验收单位	中国农业科学院	验收时间	2017 年 2 月 15 日
项目实施概况	2013 年 11 月 15 日农业部以“农计函〔2013〕289 号”文件批复项目可行性研究报告。2014 年 5 月 16 日农业部以“农办计〔2014〕36 号”文件批复项目初步设计和概算。 2016 年 11 月完成全部仪器设备安装调试并投入使用；2017 年 1 月通过项目初步验收。2017 年 2 月 15 日通过项目竣工验收。		
支撑的学科方向	饲料生物技术、动物营养与饲料科学		

10 中国农业科学院农产品加工研究所粮油加工综合利用技术集成实验室建设项目

粮油加工业是农产品加工业和食品工业的重要组成部分，是促进生产流通、衔接产销、稳定供给的重要纽带，是保障国家粮食安全的重要环节。在解决“三农”问题、推进新农村建设、全面建设小康社会和构建和谐社会、保障国家粮食安全方面具有重要战略地位。发展粮油精深加工是现代农业的重要组成部分，开展粮油加工

图 1　粮油加工综合利用技术集成实验室外立面

综合利用工程化技术研究和技术配套集成研究，对促进粮油资源的转化增值、提高农业综合效益、改善人们食物和营养结构、提高人民生活和健康水平、搞活粮食流通、拓宽就业渠道、确保军需民食和应急成品粮供应、促进“三化”协调科学发展具有重要意义。

粮油加工综合利用技术集成实验室建设项目自2013年开工建设，2017年交付使用。新建粮油加工综合利用技术集成实验室6 244m^2，人防（库房）工程845m^2，锅炉房140m^2，地上4层，地下2层（图1）。通过该项目实施，搭建了植物蛋白加工、谷物加工、薯类加工和粮油加工废弃物高值利用技术集成研究实验平台，提升了建设单位的粮油加工技术工程化研究与支撑能力（图2~图5）。

研究所依托该平台，粮油加工创新团队紧紧围绕粮油等大宗作物加工过程品质形成与调控重点开展科研工作，先后完成了花生原

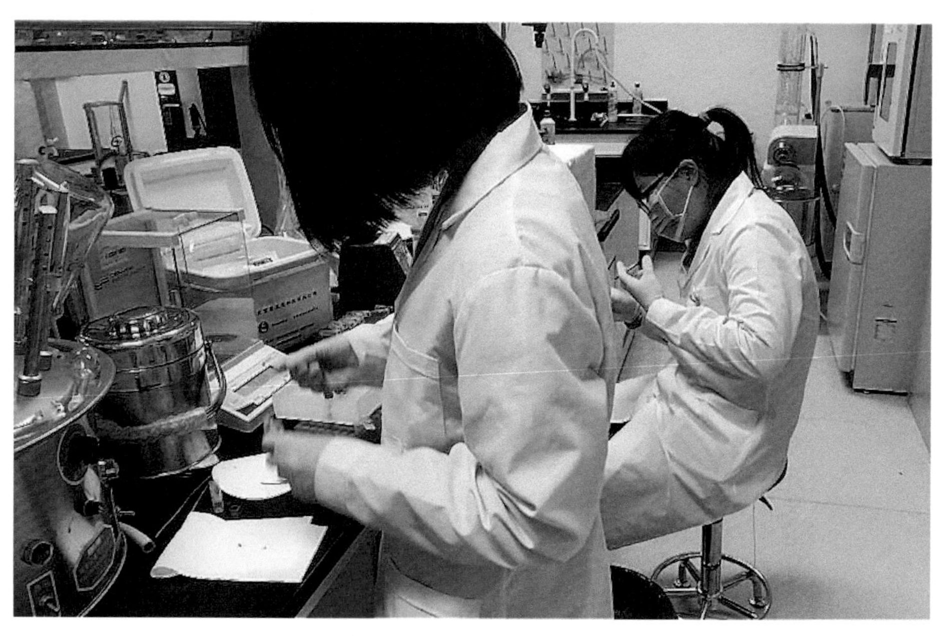

图2　科研工作场景1

料中特征组分的组成、含量、结构检测方法的建立与指纹图谱的构建，油料饼粕蛋白挤压、蒸煮等典型加工过程中组分结构变化与品质调控机制研究，油料饼粕蛋白无醛胶黏剂与多糖离子液体改性制备工艺研究与产品开发，大米半干法制粉关键技术研究等科研任务，组织成立了中国粮油学会花生食品分会，新增现代农业产业体系岗位科学家、中国农业科学院顶尖人才等 5 名，组织国际学术会议 10 余次，与美国、荷兰等发达国家建立长期合作关系，签订合作协议 20 余份，获得全国商业联合会特等奖 1 项，中国粮油学会科学技术进步二等奖 1 项，科技成果评价 1 项；发表 SCI 学术论文 40 余篇，获得国家发明专利 18 项，申请软件著作权 1 项，农业行业标准 2 项，出版中英文专著 5 部，开发了花生组织化蛋白等产品 10 余个，并在企业进行了推广应用，培训 400 人次，实现横向收入 500 万元。

图 3　科研工作场景 2

图 4　接待外国友人

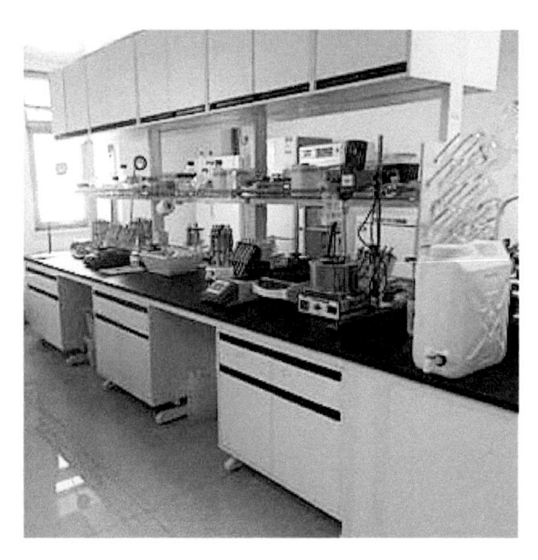

图 5　实验室内部场景

项目基本情况

建设单位	中国农业科学院农产品加工研究所	建设地点	北京市海淀区圆明园西路2号
项目编号	2012-B1100-110108-F0201-001		
项目法人	戴小枫	项目负责人	王长江
批复投资	2 927 万元	完成投资	3 176.60 万元
项目类型	农产品加工技术创新体系	投资方向	国家级科研院所
验收单位	中国农业科学院	验收时间	2017 年 12 月 14 日
项目实施概况	2012 年 9 月，农业部以“农计函〔2012〕157 号”文件批复该项目立项。2013 年 1 月，农业部办公厅以“农办计〔2013〕2 号”文件批复该项目初步设计。2014 年 12 月，农业部以“农办计〔2014〕114 号”文件批准调整该项目初步设计和概算。 粮油加工综合利用技术集成实验室工程于 2013 年 9 月 9 日开工建设，2014 年 12 月项目主体工程竣工，2017 年 8 月消防验收通过，2017 年 12 月 14 日完成项目正式验收，投入使用。		
支撑的学科方向	农产品加工与食品科学。主要的应用方面有：粮油加工品质的物质基础；粮油加工过程食用品质与营养品质形成机理；粮油加工过程食用品质与营养品质调控；粮油加工品质评价与过程控制理论及技术研究。		

11 农业部农业基因组学重点实验室（北京）建设项目

当前，农业生物技术原始创新空前活跃，在功能基因组、干细胞、生物芯片、转基因生物育种、动植物生物反应器等领域已取得重大突破，进入大规模产业化阶段。农业生物基因组学研究在分子、细胞、物种和进化各层面阐明基因功能，揭示生物生长发育、环境应答以及生物环境互作的分子网络关系，深层次地改变着人类对生命本质的理解和对生物改造的掌控能力，已成为引领农业生物产业发展的创新源泉。农业部农业基因组学重点实验室立足我国农业生物技术产业发展的重大需求，瞄准国内外先进水平和学科前沿，以为农业生物育种提供功能明确的、具有自主知识产权的目的基因和目标性状加强的基础育种材料为目标，凝聚和培养农业基因组学优秀人才、打造一流创新团队。以基因发掘与功能验证为重点，开展功能基因组研究与利用，大规模、高通量基因克隆与鉴定研究，分离产量、品质、抗逆、营养高效等重要性状基因和调控元件，解析性状调控的遗传和代谢网络，为农业生物育种提供目的功能基因；建立生物信息学分析平台和大规模、高效遗传转化平台，开展全基因组育种技术研究，创制目标性状突出的转基因基础育种材料。作为农业基因组学学科群牵头单位，本重点实验室致力于建立完善的基因组学研究和应用平台，推进农业基因组学理论和技术

的快速应用；实现各单位间资源整合与联合攻关，形成农业基因组学创新群体；着重机制创新，建立有利于发挥学科群整体优势的管理机制；加强创新文化建设，充分发挥创新文化的导向、凝聚、激励和规范作用。

中国农业科学院生物技术研究所在2014年申请了农业部农业基因组学重点实验室（北京）建设项目，2014年和2015年农业部分别批复了该项目可行性研究报告和初步设计与概算。项目于2015年12月进行设备采购招标，2016年10月完成全部建设内容并投入使用，共完成投资1 148万元。2017年5月24日通过中国农业科学院组织的竣工验收。该项目采购3D转盘式活细胞成像分析系统1套（图1），成像质谱仪1台（图2），2D—气相色谱—飞行时间质谱联用仪1台（图3），纳升喷雾液相色谱—线性离子阱质谱联用仪1台（图4），主机配套的不间断电源1台、氮气发生器（图5）及AJS离子源等配件设备。

通过项目建设提高了植物蛋白质组学、代谢组学平台的测试能力和数据分析能力，强化了基因组研究及功能基因的挖掘工作，使田间观测获得的植物生长发育各项指标可以进行系统的分子验证，全面提升了试验基地田间表型观察与实验室检测的技术集成水平，

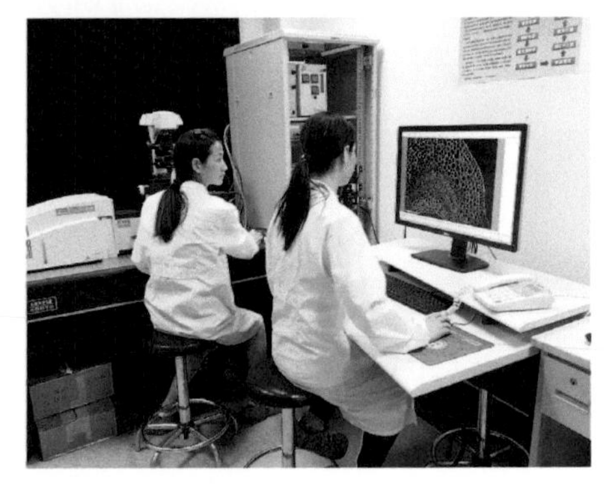

图1　3D转盘活细胞成像分析系统

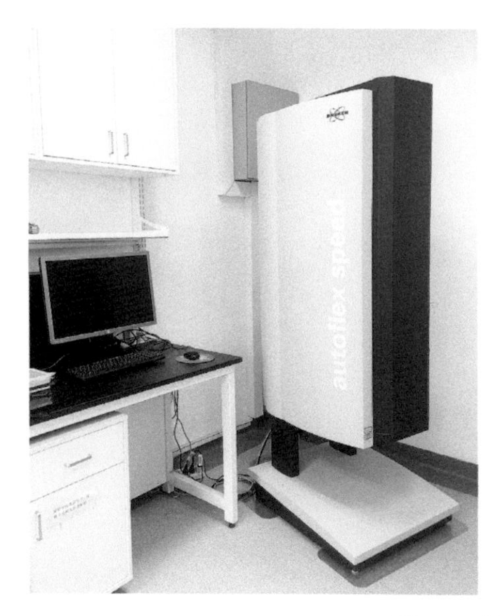

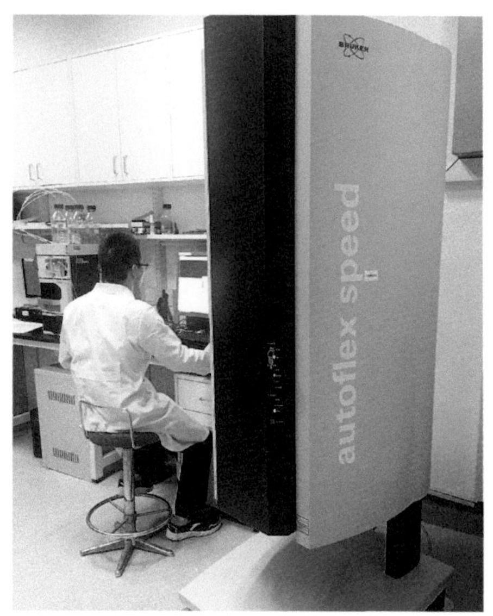

图 2　成像质谱仪

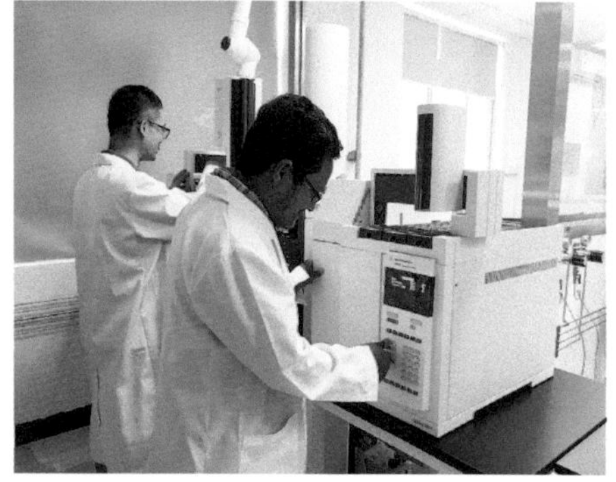

图 3　2D—气相色谱—飞行时间质谱联用仪

从而有效缩短植物分子育种进程；项目建设有效地补充了高级别、大规模、高效率的生物组学研究设施和条件的不足，为建设成国际一流、面向全国开放的农业基因组学研究专门设施群提供了硬件支撑，为从事相关研究领域的科研机构、高等院校和研究人员，扩大国内外同类研究单位之间开展合作交流、人才培养和技术交流提供了系统的设施条件与技术平台。

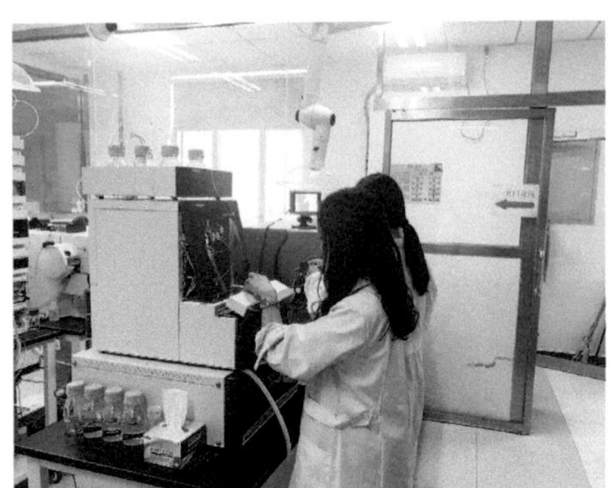

图 4　纳升喷雾液相色谱—线性离子阱质谱联用仪

图 5　氮气发生器

项目基本情况

建设单位	中国农业科学院生物技术研究所	建设地点	北京市海淀区
项目编号	2015-B1100-110108-G0502-001		
项目法人	林　敏	项目负责人	徐荣旗
批复投资	1 148 万元	完成投资	1 148 万元
项目类型	综合性重点实验室	投资方向	农业部重点实验室
验收单位	中国农业科学院	验收时间	2017 年 5 月 24 日
项目实施概况	2014 年 12 月，农业部以“农计发〔2014〕219 号”文件批复项目可行性研究报告。2015 年 6 月，农业部以“农办计〔2015〕33 号”文件批复项目初步设计和概算。 该项目采购 3D 转盘式活细胞成像分析系统、成像质谱仪、2D—气相色谱—飞行时间质谱联用仪和纳升喷雾液相色谱—线性离子阱质谱联用仪各 1 台（套）。项目于 2017 年 4 月完成初步验收，2017 年 5 月 24 日通过中国农业科学院组织的项目验收。		
支撑的学科方向	农业基因组学		

12 中国农业科学院农业资源与农业区划研究所农业部农业微生物资源收集与保藏重点实验室建设项目

21 世纪以来，随着生命科学的迅猛发展，国际社会和科技界愈来越认识到生物资源对人类生活质量的提高和经济可持续发展的重要性，并已采取了具体和有巨大影响力的行动，敦促和指导各国开展资源收集、保藏与研究工作，以满足在 21 世纪中生物多样性保护、生命科学和生物技术发展的需要。在《国家中长期科学和技术发展规划纲要（2006—2020 年）》有关农业部分的 9 个研究领域中，

图 1　实验室一角

有 6 个与农业微生物的应用直接相关；国家“十三五”生物产业发展规划中强调提升生物农业竞争力，农业微生物资源的研究与应用贯穿着整个农业的生产过程，项目建设具有重要战略意义和必要性。

中国农业科学院农业资源与农业区划研究所在 2014 年 1 月申请了农业部农业微生物资源收集与保藏重点实验室建设项目，2014 年 3 月获得农业部批复立项。项目于 2015 年 1 月开始执行建设，2017 年 8 月完成，2017 年 10 月通过中国农业科学院组织的竣工验收（图 1）。项目完成主要建设内容包括：初设批复购置 12 台（套）仪器，分别为激光扫描共聚焦显微镜、超高效液相色谱仪（图 2）、微生物鉴定系统（图 3）、气相色谱仪、微波消解仪、原子吸收分光光度计、全自动定氮仪、超高速冷冻离心机、多功能酶标仪（图 4）、总有机碳分析仪、人工气候室和荧光定量 PCR 仪。此外，增购不同型号的台式离心机 3 台、液体发酵罐及固体发酵罐各 1 台。通过本项目，实际购置了 17 台（套）仪器，其中，进口仪

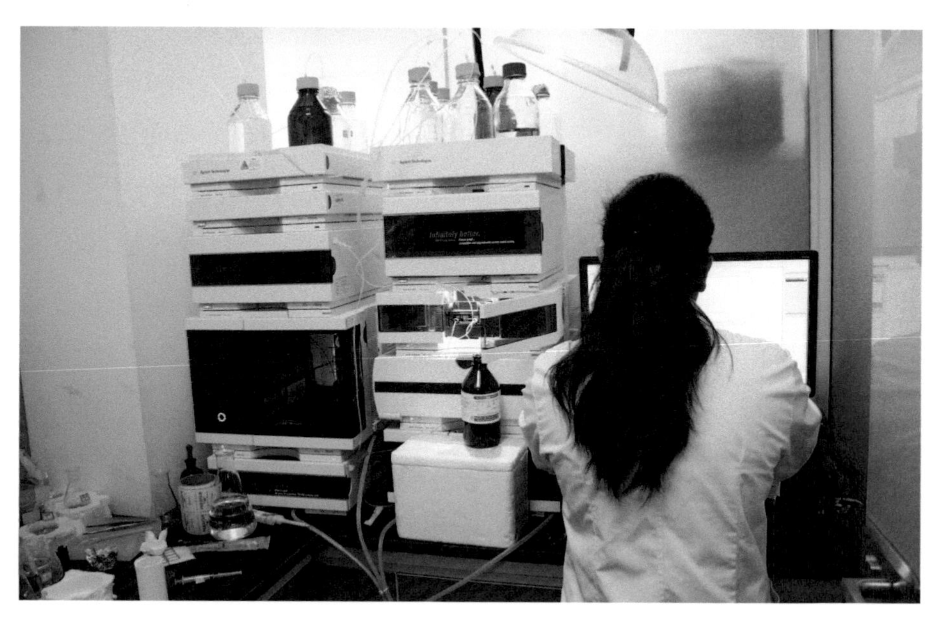

图 2　超高液相色谱仪

图 3　微生物鉴定系统

器设备 11 台（套），国产仪器设备 6 台（套）。所有仪器设备均已投入运行，完成投资 758 万元（图 5）。

通过项目的实施，使农业部农业微生物资源收集与保藏重点实验室微生物鉴定、评价能力和研究水平得到了全面的提升。项目购置的 Biolog 微生物鉴定系统、液相色谱等，使实验室鉴定系统更完善齐备，具备 MIDI 脂肪酸鉴定、Biolog 鉴定以及 DNA 序列分析、极性脂、醌、多糖等化学指标测定条件与能力。2017 年，实验室完成对外鉴定服务 209 项（次）。项目购置的气相色谱、超高效液相色谱、大容量离心机、发酵罐等设备，使实验室可以对微生物菌株大规模发酵以及对产物进行收集，实现了根际分泌物和微谢产物的活性物质得以有效地分离，分析的种类也更多元化，有利于科学发现和创新。项目购置的多功能酶标仪、荧光定量 PCR 仪、离心机等仪器已经在实验室广泛应用，并获得了大量的测试数据，有效提高功能评价与检测水平，实现了实验室样品批量处理与测试分析能力提高。

图 4　酶标仪

图 5　农业部农业微生物资源收集与保藏重点实验室

项目基本情况

建设单位	中国农业科学院农业资源与农业区划研究所	建设地点	北京市海淀区中关村南大街 12 号
项目编号	2014-B1100-110108-G1202-008		
项目法人	王道龙 / 周清波	项目负责人	张瑞福
批复投资	758 万元	完成投资	758 万元
项目类型	专业性重点实验室	投资方向	农业部重点实验室
验收单位	中国农业科学院	验收时间	2017 年 10 月 18 日
项目实施概况	2014 年 3 月，农业部以“农计发〔2014〕18 号”文件批复该项目可研报告。2014 年 12 月，农业部以“农办计〔2014〕125 号”文件批复该项目初步设计及概算。 项目实际购置仪器设备 17 台（套），比批复增加 5 台（套），其中，进口仪器设备 11 台（套），国产仪器设备 6 台（套），2017 年 8 月已全部投入使用。2017 年 9 月完成项目初步验收，2017 年 10 月 18 日完成项目正式验收。		
支撑的学科方向	农业微生物资源收集与保藏		

13 中国农业科学院农业资源与农业区划研究所农业部植物营养与肥料重点实验室建设项目

近年来，随着我国耕地面积不断减少，人口数量持续增加，人均耕地占有量不足世界平均数的1/2。肥料是提高作物产量，保障国家粮食安全的重要物资，在粮食增产中，化肥的作用占30%~50%。但是不合理施用肥料导致其利用率较低，资源浪费并

图1　农业部植物营养与肥料重点实验室

且给环境带来压力。当前提高肥料利用效率成为保障国家生态环境安全的紧急需求。项目实施是立足整合资源，将完善和形成综合实验室、区域实验室和科学观测试验站三位一体建设目标，更好地为植物营养与肥料学理论和技术创新、国际交流与合作以及高层次人才培养提供高水平研发平台，在现代农业发展中和学科布局与科技创新中发挥关键作用，从整体上提升植物营养与肥料领域的协同创新能力，保障国家粮食安全和生态环境安全具有重要意义。

中国农业科学院农业资源与农业区划研究所于 2012 年 12 月申请了植物营养与肥料基本建设项目，2015 年 7 月，批复了项目初步设计和概算。该项目 2015 年 11 月开始办理招标采购，2017 年 10 月完成竣工验收（图 1），完成购置扫描电子显微镜（图 2）、同位素质谱仪（图 3）、超高效液相色谱 / 四级杆—飞行时间质谱联用仪（图 4）、高分辨激光共聚焦显微拉曼光谱仪（图 5）、学科群物联网设备及数据采集、处理系统各 1 台（套），配套改造实验室 99.11m^2，完成投资 1 211 万元。

该项目建成投入使用以来，设备运行情况良好（图 6），提高了实验室植株、土壤以及肥料的检测分析能力，为植物营养与肥料学科领域的植物营养生理、养分循环、高效施肥和新型肥料等方向的研究提供了基础条件，研制获得肥料配方 60 余个，研发水肥一体化技术模式 2 套，形成植物营养诊断与高效施肥技术体系 1~2 套，制定适宜于我国主要粮食作物营养需求的新型肥料技术标准 2~3 套。在我国植物营养研究、科学施肥技术和新型肥料创制等方面发挥了重要作用。

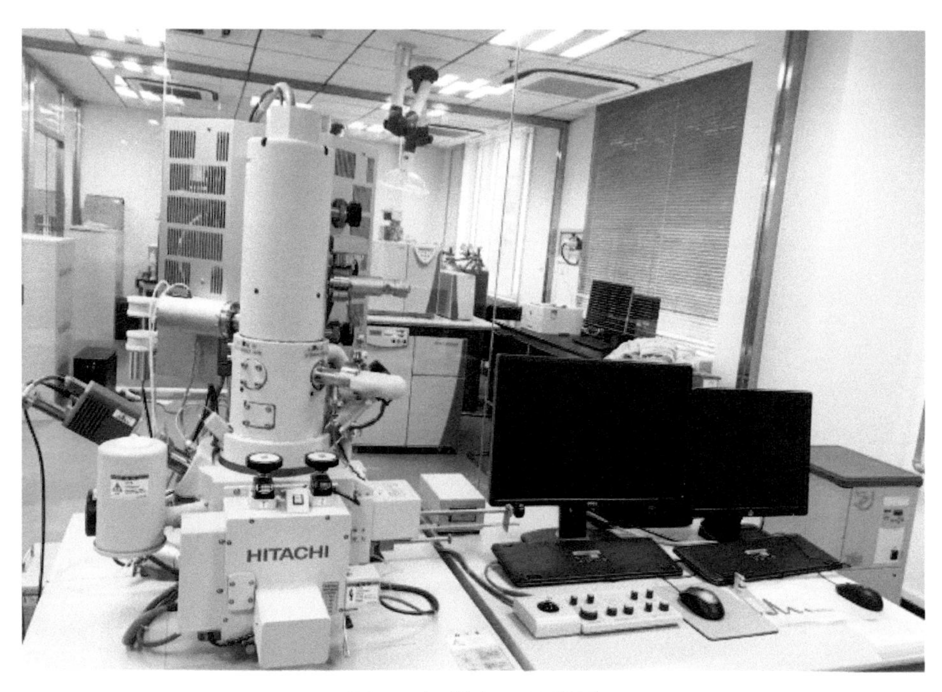

图 2　扫描电子显微镜

图 3　同位素质谱仪

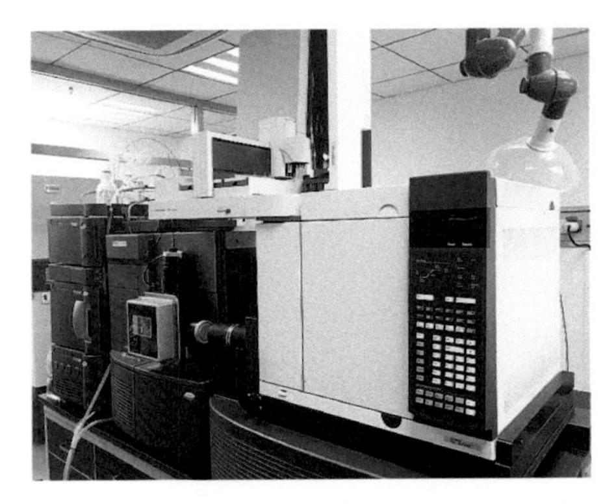

图 4　超高效液相色谱 / 四级杆—飞行时间质谱联用仪

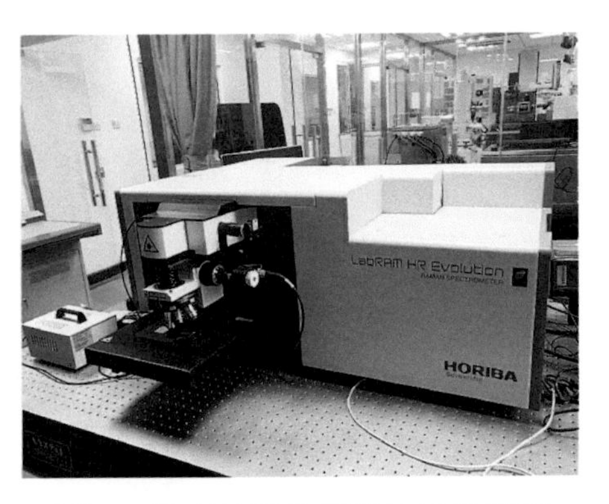

图 5　激光共聚焦显微拉曼光谱仪

图 6　扫描电镜操作培训

项目基本情况

建设单位	中国农业科学院农业资源与农业区划研究所	建设地点	北京市海淀区中关村南大街 12 号
项目编号	2015-B1100-110108-G1201-001		
项目法人	王道龙 / 周清波	项目负责人	白由路
批复投资	1 211 万元	完成投资	1 211 万元
项目类型	综合性重点实验室	投资方向	农业部重点实验室
验收单位	中国农业科学院	验收时间	2017 年 10 月 18 日
项目实施概况	2014 年 12 月，农业部以“农计函〔2014〕218 号”文件批复了该项目可行性研究报告。2015 年 7 月，农业部以“农办计〔2015〕47 号”文件批复该项目初步设计和概算。 项目于 2015 年 11 月开始仪器进口采购和招标工作；2016 年 12 月完成仪器设备安装调试并投入使用。2017 年 9 月通过项目初步验收，2017 年 10 月通过项目竣工验收。		
支撑的学科方向	植物营养与肥料		

14 中国农业科学院农业资源与农业区划研究所农业部农业信息技术重点实验室建设项目

农业信息化建设是我国新时期农业与农村发展的迫切任务，是当今世界发展的大趋势，是推动经济社会变革的重要力量。农业信息技术及其应用是我国经济和社会信息化的重要组成部分，是我国农业现代化和新农村建设的客观要求。《国家中长期科学和技术发展规划纲要（2006—2020 年）》、近 9 年的中央 1 号文件等都对农业农村信息化给予高度关注。农业信息技术是农业信息化的技术基础，通过信息技术改造传统农业、装备现代农业，通过信息服务实现小农户生产与大市场的对接，通过信息技术的广泛应用缩小城乡“数字鸿沟”，已经成为发展现代农业、增加农民收入、推动农村经济发展和建设社会主义新农村的一项紧迫任务。

中国农业科学院农业资源与农业区划研究所于 2014 年 1 月申请农业部农业信息技术重点实验室建设项目，2014 年 3 月获得农业部批复立项。项目于 2014 年 12 月开始执行建设，2017 年 9 月顺利完成，2017 年 12 月通过了中国农业科学院组织的竣工验收。项目完成主要建设内容包括：改造实验室 243m^2，完善了与仪器设备配套的供电、空调和通风系统（图 1）；购置长波红外遥感光谱成像系统（图 2）、傅立叶变换红外光谱辐射测量系统（图 3）、近红外可见光反射透射测量分析系统（图 4）各 1 台（套），并投入使用。总计完

图 1　实验室改造工程

成仪器设备购置 3 台（套）。总完成投资 1 245 万元。

项目建成后实现对地表热红外图像和对应的地物连续波谱信息高精度同步获取，光谱观测范围由原来的 8~11μm 拓宽至 2~20μm；实现对农作物和农田参数反射率、透射率、辐亮度及辐照度的非成像与成像测定，测量的波长范围由原来 350~1 500nm 拓宽至 325~2 500nm，数据采集速度较原来提升 4 倍；实现对仪器设备的智能化管理与控制，改善空调

图 2　长波红外遥感光谱成像系统

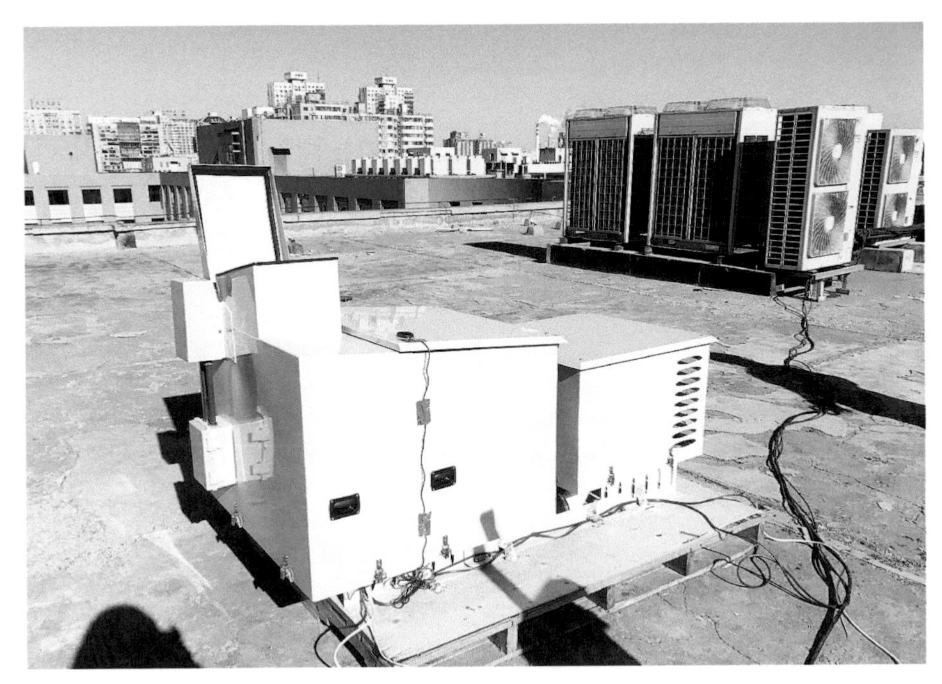

图 3　傅立叶变换红外光谱辐射测量系统

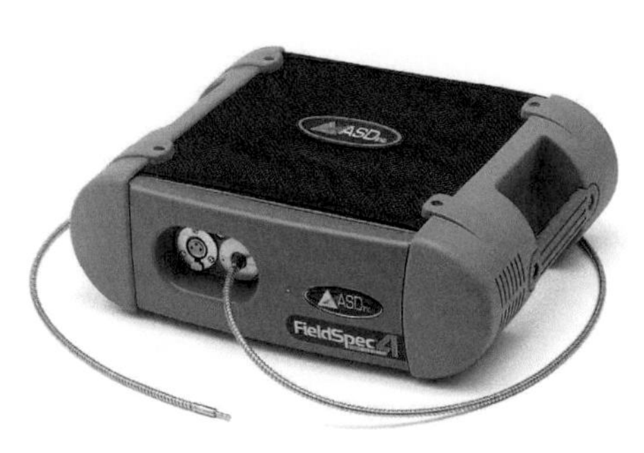

图 4　近红外可见光反射透射测量分析系统

制冷及除尘条件。

该项目的建成，加快了农业信息技术科研水平的提升和满足了国家现代农业生产的重大需求，项目围绕我国数字农业、精确农业与信息农业的建设目标，构建了开展农业定量遥感、农情遥感、农业资源遥感、农业环境遥感和农业遥感标准规范技术体系科研条件和手段，进一步推进了农业遥感等优势学科的研究深度和广度，使农业信息技术重点实验室建设真正成为国际知名的科学研究基地、高层次人才培养基地和国内外学术交流中心。

项目基本情况

建设单位	中国农业科学院农业资源与农业区划研究所	建设地点	北京市海淀区中关村南大街 12 号
项目编号	2014-B1100-110108-G1201-003		
项目法人	周清波	项目负责人	李召良
批复投资	1 245 万元	完成投资	1 245 万元
项目类型	综合性重点实验室	投资方向	农业部重点实验室
验收单位	中国农业科学院	验收时间	2017 年 12 月 22 日
项目实施概况	2014 年 3 月，农业部以“农计发〔2014〕16 号”文件批复该项目可行性研究报告。2014 年 12 月，农业部以“农办计〔2014〕120 号”文件批复项目初步设计。 2017 年 9 月完成改造实验室 243m^2；购置仪器设备 3 台（套），并投入使用。2017 年 12 月完成项目初步验收，2017 年 12 月 22 日完成项目正式验收。		
支撑的学科方向	农业定量遥感、农业资源遥感、农业环境遥感		

15 全国农产品质量安全风险监测与预警能力提升建设项目

我国农产品品种繁多，生产链条长，危害因素多，农产品质量安全风险隐患较大。近年来，针对农产品质量安全有毒有害物质等目标物的检测能力得到较大提升。但针对复杂农药、兽药、生物毒素、重金属、持久性有机污染物、非法添加物等风险因子的快速筛查、结构鉴定确证检测以及毒性评价等能力尚不足，缺少相应的

图1　实验室走廊

高、精、尖设备，制约了风险监测工作的顺利开展。与此同时，存在中央和地方积累的大量检测数据利用率不足，地区之间的监测信息没有实现共享，对总体状况及局部趋势缺乏准确的研判，对跨地区销售的农产品也无法及时掌握质量安全状况等问题。全国农产品质量安全风险监测与预警能力提升项目是《全国农产品质量安全检验检测体系建设规划（2011—2015 年）》重要组成部分。通过项目建设，对于提升我国农产品质量安全风险监测与预警能力，建立全国农产品质量安全监测信息预警平台，实现检测数据收集整理和分析研判，落实政府监管责任，确保人民群众消费安全具有重要意义。

中国农业科学院农业质量标准与检测技术研究所于 2014 年申请了全国农产品质量安全风险监测与预警能力提升建设项目，2015 年获得农业部批准立项。于 2015 年 7 月开工建设，2017 年 12 月 6 日通过了中国农业科学院组织的竣工验收。该项目购置全自动固相萃取系统等实验室仪器设备 22 台（套），会商分析设备和远程数据接入系统各 1 套；改造实验室 336.21m^2，会商分析室 98.00m^2。2017 年 7 月完成全部建设内容，并投入使用。共完成投资 2 656 万元（图 1~ 图 8）。

项目完成后，显著提升了已知污染物高灵敏高通量确证检测和高风险污染物毒性筛查评价能力；提升了对新型非法添加物、未知有毒有害物质等未知污染物快速定性筛查、分析确证和风险监测的能力。监测产品类别拓展种植业和养殖业，检测参数范围拓展至 660 余种；“瘦肉精”克伦特罗的监测灵敏度由原有条件的 0.5μg/kg 提升至 0.05μg/kg。依托项目，近 2 年来负责牵头组织全国农产品质量安全例行监测和专项监测工作，每年完成了近 1 000 批次稻米、小麦、玉米等种植业产品和鸡肉、鸡蛋等畜禽产

品样品的抽样监测；针对省市级检测机构人员举办 5 期监测方法精品培训班；2017 年 8 月，项目购置的尖端设备为快速应对欧洲“毒鸡蛋”事件提供了重要的条件支撑。搭建了农产品质量安全监测信息会商平台，每年可组织 152 个大中城市，近 3 万个样品 100 多个检测参数的监测结果汇总及会商分析工作，为农业部农产品质量安全监管提供强有力的技术支撑。

通过该项目仪器设备购置，建成了国际先进、国内一流的国家级农产品质量安全风险监测技术能力平台，提升了科学监测农产品质量安全危害因子能力；搭建了农产品质量安全监测信息会商平台，成为全国风险监测数据信息的汇总中心、分析研判中心和风险预警的中枢；夯实了质标所在我国农产品质量安全风险监测与预警领域的技术“龙头”地位，为农业部农产品质量安全监管提供强有力的条件支撑。

图 2　超高效液相色谱—静电场轨道阱高分辨质谱

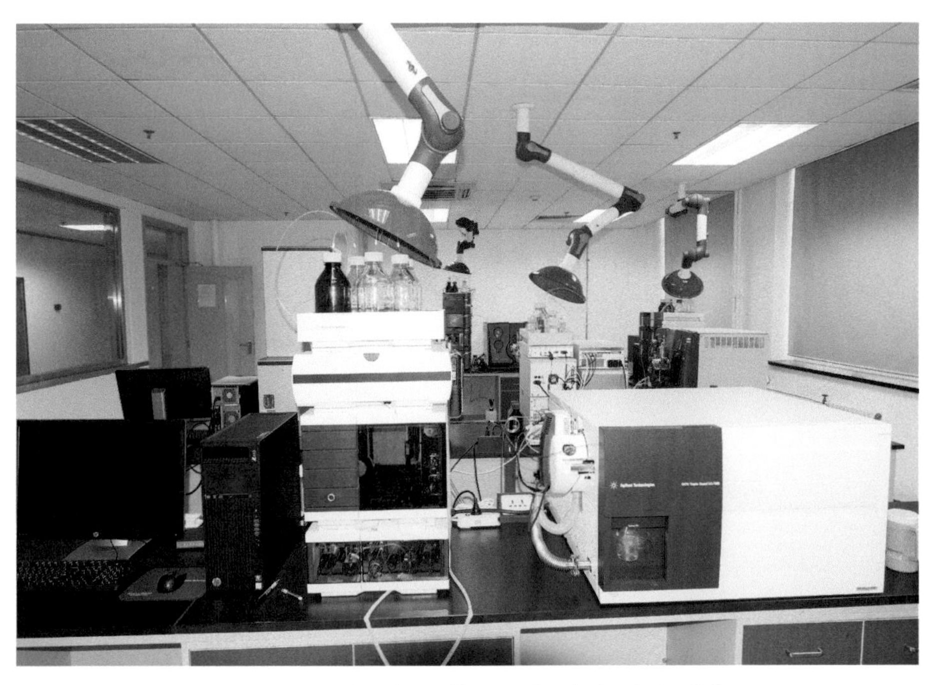

图 3　超高效液相色谱—三重四极杆串联质谱

图 4　超高效液相色谱—四极杆线性离子阱串联质谱

图5　二维气相色谱—质谱

图6　气相色谱—飞行时间高分辨质谱

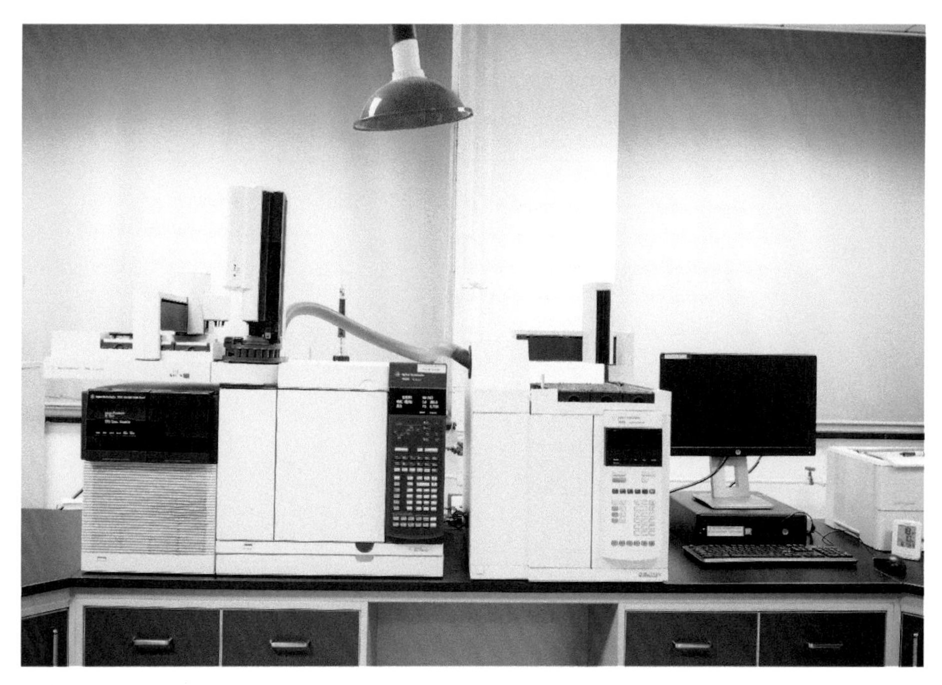

图 7　气相色谱—三重四极杆串联质谱

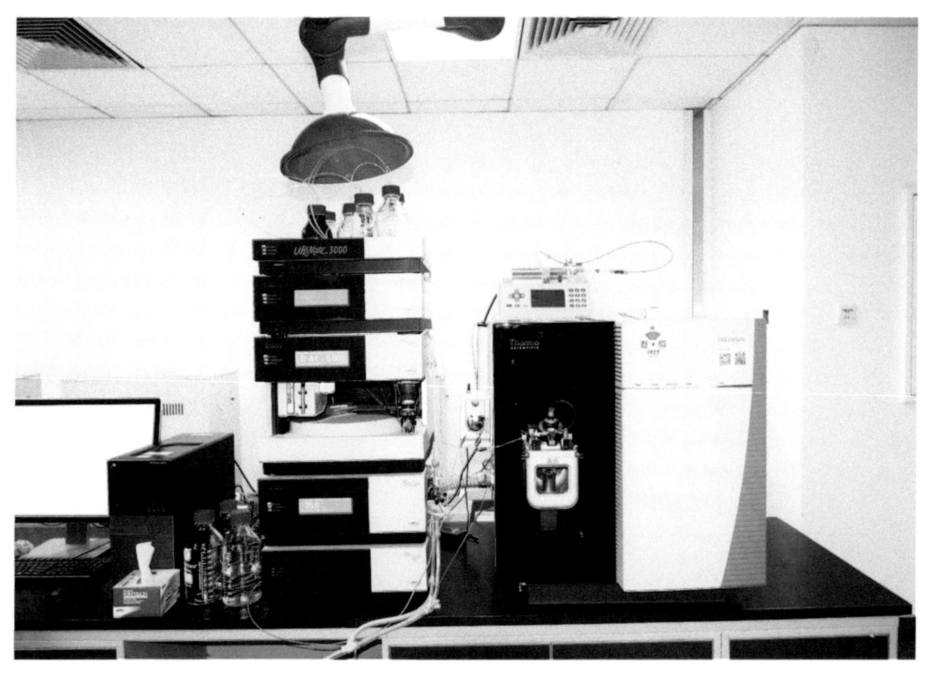

图 8　液相色谱—三重四极杆串联质谱

项目基本情况

建设单位	中国农业科学院农业质量标准与检测技术研究所	建设地点	北京市海淀区中关村南大街 12 号
项目编号	2015-B1100-110108-H0201-001		
项目法人	钱永忠	项目负责人	刘全吉
批复投资	2 656 万元	完成投资	2 656 万元
项目类型	风险监测与预警能力提升	投资方向	农产品质量安全检验检测
验收单位	中国农业科学院	验收时间	2017 年 12 月 6 日
项目实施概况	2015 年 1 月，农业部以“农计发〔2015〕29 号”文件批复该项目立项。2015 年 8 月，农业部以“农办计〔2015〕59 号”文件批复该项目初步设计。 2017 年 7 月仪器设备全部到货验收合格，投入使用。2016 年 4 月实验室改造和会商室改建工程开工建设，12 月 12 日完成了项目竣工结算。2017 年 10 月 31 日完成项目财务决算审计，2017 年 12 月 6 日完成项目正式验收。		
支撑的学科方向	农产品质量安全		

16 农业部食物与营养发展研究所双蛋白工程仪器设备购置项目

农业部食物与营养发展研究所（下称食物营养所）是在我国居民膳食结构快速转型的关键时期，顺应人民群众对提升农产品品质的消费需求以及农产品营养功能学科发展需要，于 2012 年由中编办批准组建成立的国家级公益性科研事业单位，是开展食物与营养研究的综合性科研机构，也是国家食物与营养咨询委员会科研载体。研究所为保障国家食物安全，优化食物产业结构，强化居民营养改善，促进食物营养、消费和生产的协调发展等提供决策服务和科技支撑服务，按照学科的“特”“优”“精”的原则，设立食物营养与安全、食物营养战略与政策两大优势学科，分属于质量安全与加工、信息与经济两大学科集群。食物营养与安全领域主要开展食物营养功能风险评估、营养食物关键技术开发和产品创制，建立了农业部农产品质量与营养功能风险评估实验室（北京）、中国农业科学院双蛋白工程技术研究中心等科研平台，为相关研究提供硬件支持。

为贯彻党中央、国务院关于《“健康中国 2030”规划纲要》的战略部署精神，落实国务院办公厅颁布实施的《中国食物与营养发展纲要（2014—2020 年）》《国民营养计划（2017—2030 年）》，食物营养所正大力推进“中国特色双蛋白工程”建设，通过双蛋白营养食物产业技术体系的建设，将加快推进优质农产品供给侧改

革。我们提出“营养指导消费、消费引导生产”的新理念，根据不同人群的健康需求，特别是对优质蛋白质的需求，开展双蛋白营养需求定制、双蛋白营养科学配比研究、营养食物开发，最终归纳到优质动植物蛋白原料的生产和供给。从而构建了“农业—食品—健康”的新型供给模式，为营养健康领域的供给侧改革实践提供支撑，也为现代农业产业技术体系的完善和建设提供新的示范。“中国特色双蛋白工程”得到了国务院、农业部、科技部领导的大力支持。2017 年 7 月，国务院办公厅发布的《国民营养计划（2017—2030）》中明确要大力推进“中国特色双蛋白工程”，加强双蛋白食物研发。

此外，食物营养所是 2012 年年底新成立的，在一片空白的基础上进行筹建，缺乏开展自然科学研究必需的仪器设备、实验室等基础条件。为了支撑“中国特色双蛋白工程”的实施，为了支撑农产品营养品质检测分析、监测评估、功能评价等研究工作，2014 年 10 月，农业部食物与营养发展研究所上报了农业部食物与营养发展研究所双蛋白工程仪器设备购置项目的可行性研究报告。该报告于 2014 年 12 月得到农业部批复，总建设经费 1 270 万，建设期 2 年。2017 年 10 月，完成 126m^2 实验台安装，可进行前处理、常规化学分析、精密仪器分析、光学检测实验（图 1）。采购仪器设备 18 台（套），包括电喷雾电离—飞行时间液质联用仪、快速显微拉曼成像系统、全自动氨基酸分析仪、离子色谱仪、傅立叶变换红外光谱仪、光学实验平台系统、生物分子互作分析仪、全自动蛋白印迹处理系统、核酸蛋白分析仪、蛋白纯化系统、膳食纤维测定仪、双向电泳仪、超高速离心机、酶标仪、组织细胞破碎仪、荧光 PCR 仪，均已投入使用。

本项目建设取得了显著成效，使食物营养所具备了初步的自然科学实验条件。食物营养所拥有食物营养战略与政策、食物营养与安全两个学科领域和创新团队，其中，食物营养与安全属于院质量安全与加工学科群，但自建所以来缺乏相应的仪器设备等自然科学实验条件。通过本项目建设，可初步开展农产品营养成分检测、营养组学、代谢组学等方面研究，初步具备了检测农产品中氨基酸、膳食纤维、维生素等营养成分的条件，为开展农产品营养功能评价、风险评估及营养标准制修订提供了初步的实验条件，为“食物营养与安全”学科发展提供了基本的设施条件，也可为“食物营养战略与政策”学科研究提供数据支撑。

双蛋白营养互作机理研究设备

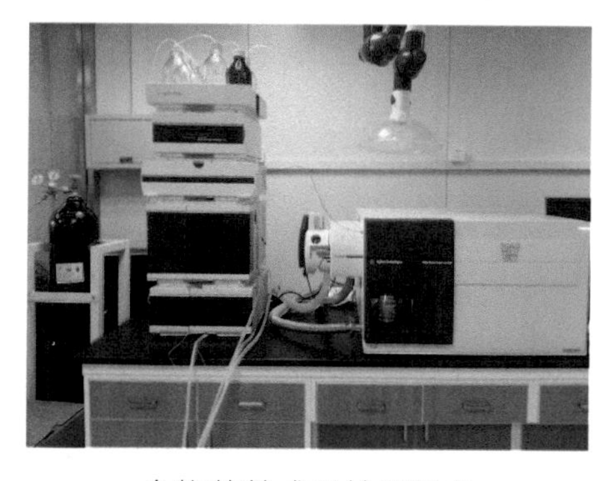

食物营养成分检测设备

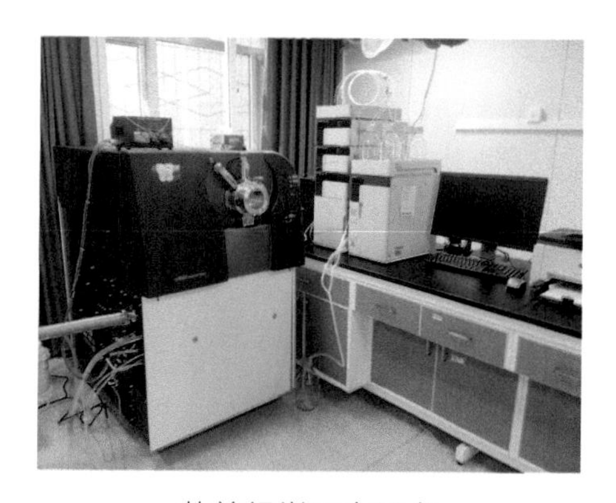

营养组学研究设备

营养成分快速检测平台

图 1　新增双蛋白工程仪器设备

项目基本情况

建设单位	中国农业科学院农业部食物与营养发展研究所	建设地点	北京市海淀区中关村中国农业科学院旧主楼（8 号楼）
项目编号	2015-B1100-110108-J0201-001		
项目法人	王小虎	项目负责人	王　靖
批复投资	1 270 万	完成投资	1 270 万
项目类型	农业部学科群建设	投资方向	农业部重点实验室建设
验收单位	中国农业科学院	验收时间	2017 年 10 月 19 日
项目实施概况	2014 年 12 月，农业部以“农计发〔2014〕215 号”文件批复该项目可行性研究报告。2015 年 2 月，农业部食物与营养发展研究所向中国农业科学院基建局上报《农业部食物与营养发展研究所双蛋白工程仪器设备购置项目初步设计》进行备案。 2017 年 3 月完成仪器设备安装调试并投入使用，2017 年 8 月 7日完成项目竣工初步验收，2017 年 10 月 19 日完成项目正式验收。		
支撑的学科方向	中国特色双蛋白工程、农产品营养品质监测、食物营养功能评价		

17 农业部作物需水与调控重点实验室建设项目

农业部作物需水与调控重点实验室是农业部作物高效用水学科群4个专业性重点实验室之一，依托单位为中国农业科学院农田灌溉研究所。实验室围绕我国粮食安全的水资源支撑问题这一重大战略需求，瞄准作物高效用水学科领域发展的国际前沿，以提高灌溉水（降水）利用率和利用效率、作物水分生产率为核心，重点开展

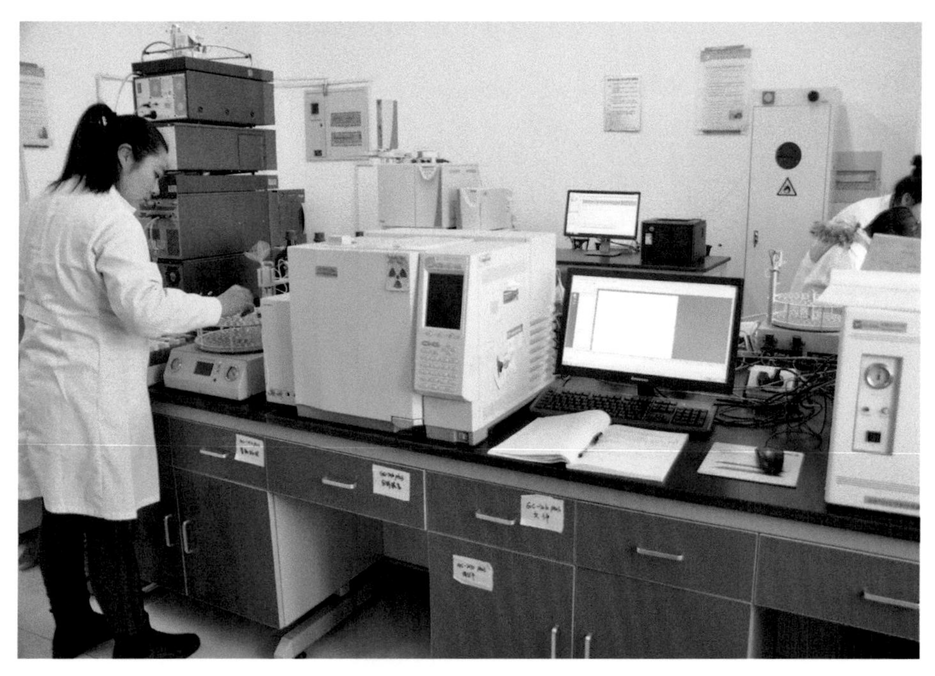

图1　气相色谱仪

作物需水过程中的水分传输与能量交换机制、关键调控技术、节水高效灌溉技术集成模式等方面的应用基础研究及技术创新，为我国农业水资源高效利用和作物高产优质提供科技支撑。近年来，随着实验室在作物高效用水学科领域科技创新工作的不断深入，对作物需水过程的野外观测设备和室内化验分析仪器均提出了新的需求。实验室存在仪器设备种类不全，部分重要仪器设备老化陈旧、缺少大型仪器设备等问题，难以满足科技创新的需求。因此，迫切需要加强实验室建设，通过仪器设备和相应配套设施的投入，提升实验室科技创新的条件支撑能力，进而将实验室建成引领我国作物高效用水学科领域的专业性科研创新基地，稳定、培养和吸引优秀专业科研人才的前沿阵地以及国内外学术交流的重要平台。对于促进我国作物高效用水学科快速发展，实现农业水资源高效持续利用，保障国家粮食安全，具有重要意义。

“十二五”以来，上级主管部门十分重视重点实验室体系建设，陆续启动了重点实验室条件建设工作。农业部作物需水与调控重点实验室作为第二批试点单位，于 2013 年申请了重点实验室建设项目，2014 年获得初步设计批复（农办计〔2014〕39 号）。项目于 2014 年开工建设，2017 年 9 月 15 日通过了中国农业科学院组织的竣工验收。该项目购置气相色谱仪（图 1）、液相色谱仪（图 2）、同位素质谱仪（图 3）、多气体分析仪、流动注射分析仪（图 4）、总有机碳分析仪（图 5）、微生物鉴定系统（图 6）、超速冷冻离心机（图 7）、人工气候室（图 8）、植物光合测定仪、土壤呼吸监测仪、植物生理生态监测系统、红外成像光谱仪、全自动凯氏定氮仪（图 9）等仪器设备 14 台（套）。2017 年 5 月完成全部建设内容并投入使用，目前所有设备运转正常。

通过该项目的建设，实验室的分析检测能力和野外试验观测水

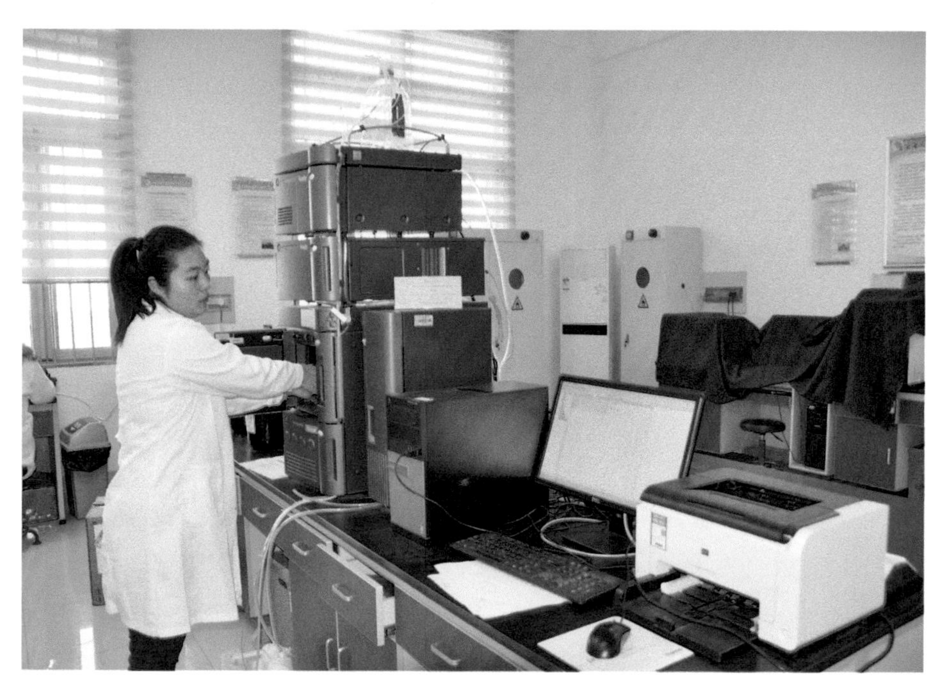

图 2　超高效液相色谱仪（四元）

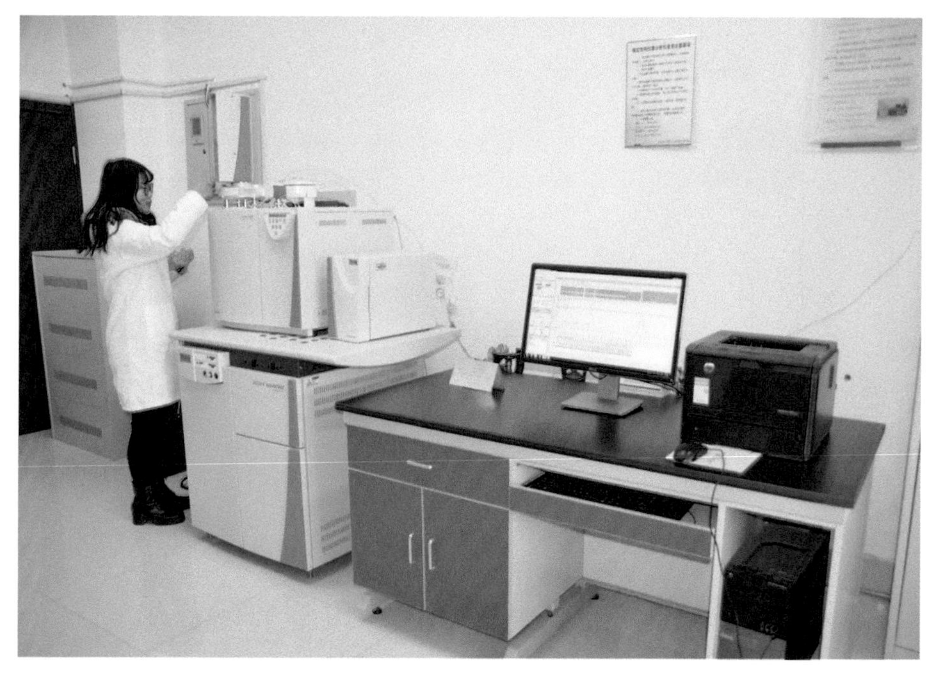

图 3　同位素质谱仪

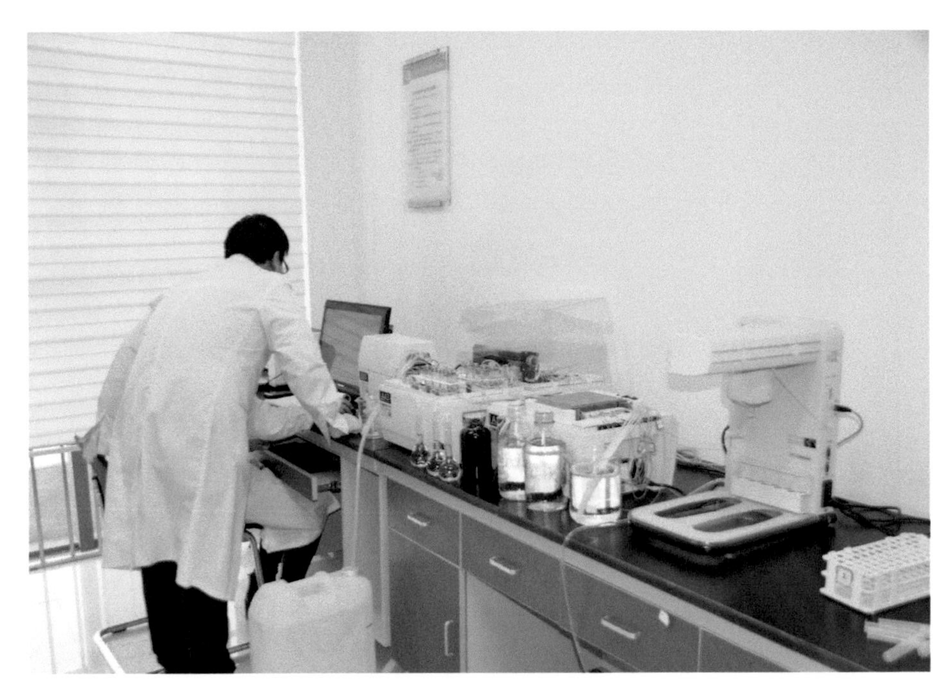

图 4　流动注射分析仪

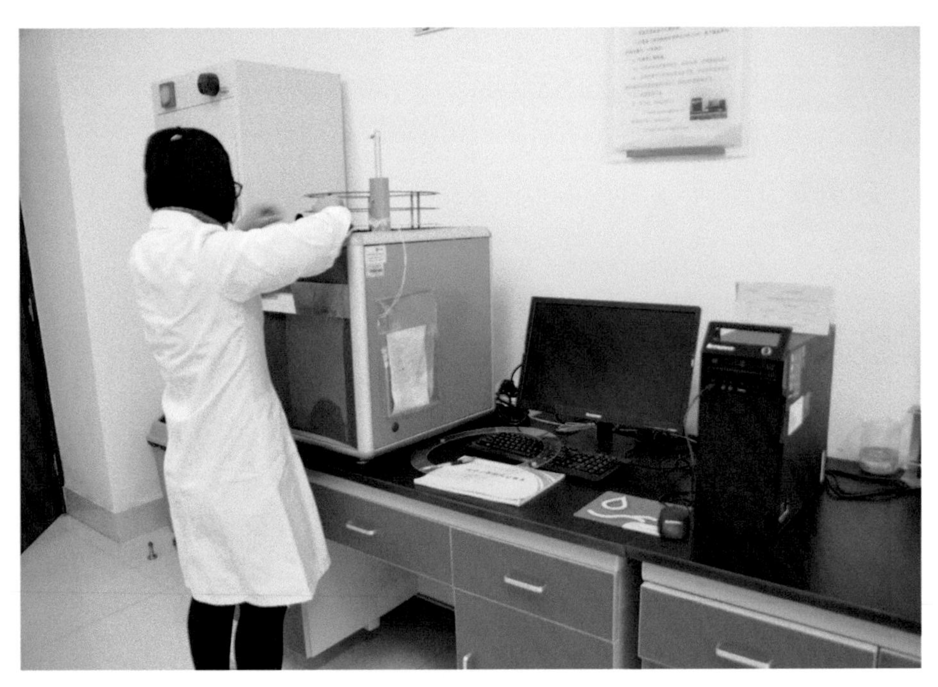

图 5　总有机碳分析仪

图 6　微生物鉴定系统

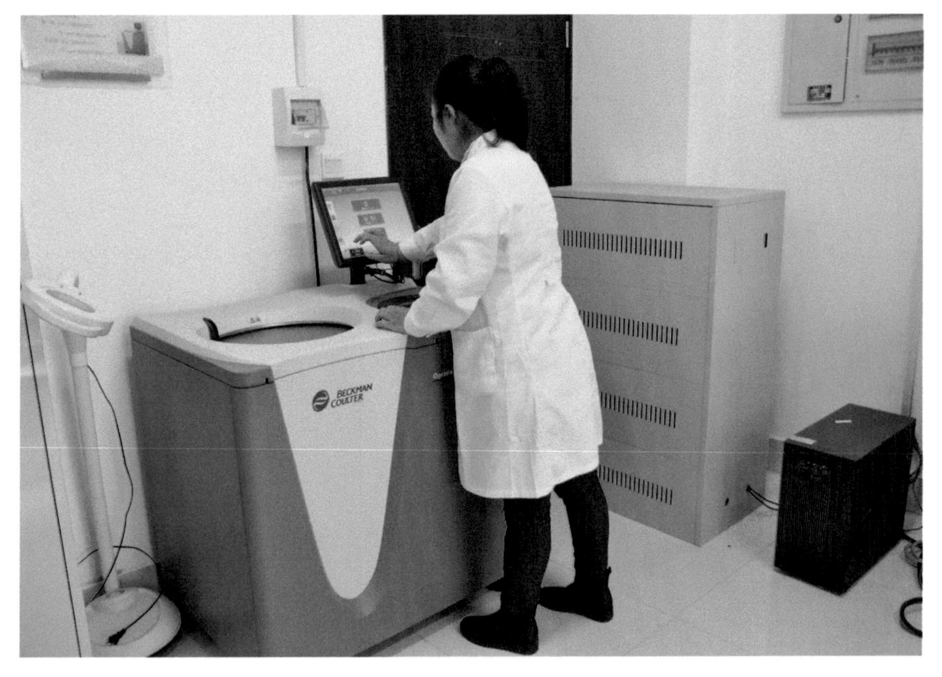

图 7　超速冷冻离心机

图 8　人工气候室

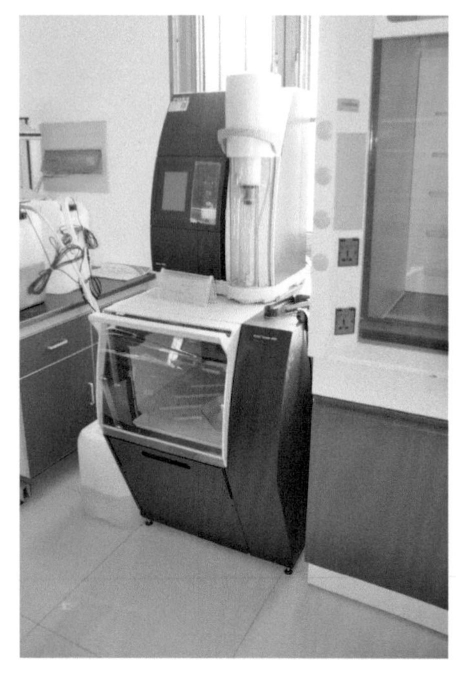

图 9　全自动凯氏定氮仪

平得到较大改善，从而带动实验室科技创新能力的明显提升。项目建设以来，实验室承担国家级科研项目 28 项，省部级项目 7 项，发表研究论文 140 多篇，其中，SCI/EI 论文 37 篇，出版专著 2 部；获授权国家发明专利 4 件，软件著作权和实用新型专利 14 件，制定行业标准 1 项；获省部级科技成果奖励 5 项。

项目基本情况

建设单位	中国农业科学院农田灌溉研究所	建设地点	河南省新乡市
项目编号	2013-B1100-410711-G1202-021		
项目法人	段爱旺	项目负责人	周子奎
批复投资	818 万元	完成投资	722.52 万元
项目类型	专业性 / 区域性重点实验室	投资方向	农业部重点实验室
验收单位	中国农业科学院	验收时间	2017 年 9 月 15 日
项目实施概况	2013 年 11 月 15 日农业部以“农计函〔2013〕294 号”文件批复项目立项。2014 年 5 月 16 日农业部以“农办计〔2014〕39 号”文件批复项目初步设计和概算。 2017 年 5 月，完成仪器设备安装调试并投入使用；2017 年 9 月，通过项目初步验收。2017 年 9 月 15 日通过项目竣工验收。		
支撑的学科方向	作物高效用水学科		

18 中国农业科学院国家种质资源武汉野生花生圃改扩建项目

近年来，我国食用植物油年消费量约 2 300 万 t，年产量仅 900 万 t，60% 以上依赖进口，自给率严重不足。据预测，到 2030 年前后我国人口达到 15.5 亿的高峰时，仅按目前香港或台湾地区的人均植物油消费水平计算，届时全国植物油需求总量将达到 3 500 万 t 以上，同时饲料油籽饼粕需求量将达到 7 000 万 t 以上，若要实现油料产品的完全自给，需要在现有生产能力的基础上增长

图 1　国家种质资源武汉野生花生圃挂藏室及种子预处理室

300%，即使考虑到利用国际农业资源的互补而保持一定的油料进口比例，国产油料产品的需求空间也是非常大的。

花生是我国植物油脂的重要来源之一。花生油是一种高档食用植物油，不饱和脂肪酸含量较高，维生素含量丰富，是华北、东南沿海和一些大城市的主要食用油，消费人群不断扩大。多年来，我国花生总产的55%~60%用于榨油，近5年，花生油年产量270万t，占我国国产植物油的25%。据测算，全国现有花生油固定消费人群对花生油的年需求量约300万t，产需缺口大。另外，以花生为原料的食品需求量也在不断上升。由此估计，目前全国花生市场需求总量约1 800万t，生产量为1 450万t，原料缺口达350万t以上。到2030年，全国花生油需求量将达到700万t以上，加上食用花生和出口的增长，花生需求总量将达到2 400万t以上，需要在目前生产能力的基础上增长70%以上才能满足基本需要。在我国人均耕地面积十分有限的背景下，要实现花生供给能

图2　国家种质资源武汉野生花生圃冷库

力大幅度增长，其根本出路是提高单位面积产量和进一步提高产油量。

中国农业科学院油料作物研究所于2014年2月申请了中国农业科学院国家种质资源野生花生圃改扩建项目，分别于2014年6月和2015年8月，获得可行性研究报告和初步设计批复。该项目于2015年9月开工建设，新建种子预处理室和冷库130m^2（图1，图2），挂藏室240m^2。保存池765个、鉴定池（图3）及引种隔离种植观察池360个、利用池8个、喷灌设施1 152.37m（图4）、自动化旱棚500m^2（图5）、铁艺围墙及大门883m、场区道路及晒场5 195.11m^2、区间操作通道3 680.36m^2、场区给排水工程1项、场区电气工程1项、场区绿化95m^2，池中填沙1 529.14m^3，土壤掺砂改良及土地平整25亩。完成购置仪器设备15台（套），其中：电子天平4台（图6），人工气候箱2台（图7），试验用冰箱2台，数码相机2台，核磁共振仪1台，小型气象站1套，移动式种子架1批，拖拉机1台（图8），花生收割机1套（图9）。

2016年9月完成全部建设内容并投入使用，共完成投资695万元。2017年4月25日通过项目竣工验收。

中国农业科学院国家种质资源武汉野生花生圃改扩建项目的指导思想是建设现代化的，集收集保存、鉴定评价、有效利用为一体的综合性的野生花生资源圃。

项目建成后，国家种质武汉野生花生圃的保存能力将大幅提高，能保存800份资源；能安全保存每份资源的遗传完整性和遗传纯度；对50份资源的重要性状进行鉴定评价，比如含油量，黄曲霉抗性、青枯病抗性、叶部病害鉴定等，提供数字化信息数据500个；新引进的资源具备隔离观察条件，能保证资源圃资源的安全；具备对优异种质材料以及繁殖系统脆弱的材料进行扩繁的能力，将大幅提高向相关研究单位供种利用的能力，每年能提供50~100份以上的优异资源供花生育种利用。

（1）国家种质武汉野生花生圃建成后，作为国家唯一以野生花生安全保存、鉴定评价为主要研究方向的综合性农业研究试验基地，为野生花生资源引种鉴定、安全保存、鉴定评价、提供利用等提供了平台，为花生育种、产后加工奠定了基础，是中国农业科学院科技创新体系的重要组成部分。

（2）项目建成后，野生花生圃主要用于野生花生安全保存、鉴定评价。扩大了野生花生保存能力，使野生花生圃的保存量达到

图3　国家种质资源武汉野生花生圃保存池及鉴定池

图 4　国家种质资源武汉野生花生圃喷灌设施及鉴定池

800 份，提高了对野生花生基本性状的鉴定能力，每年鉴定 50 份次，并对优良种质资源进行扩繁，显著提高野生花生的供种能力，提高了野生花生的利用效率。

（3）该项目通过野生花生种质深入鉴定，提供相关单位利用，培育高产、抗病抗逆、优质和早熟花生新品种，增强农作物自身抗逆能力，提高农作物产量和品质。同时遵循有机农业和循环农业理念，从保护和改善农村及城市生态环境、提高环境自净能力等角度出发，节劳省工、节肥省药，降低水体富营养化和环境污染风险。项目实施后，逐步建立起人与自然、都市与农业高度统一的生态环境。

图 5　国家种质资源武汉野生花生圃自动化旱棚及利用池

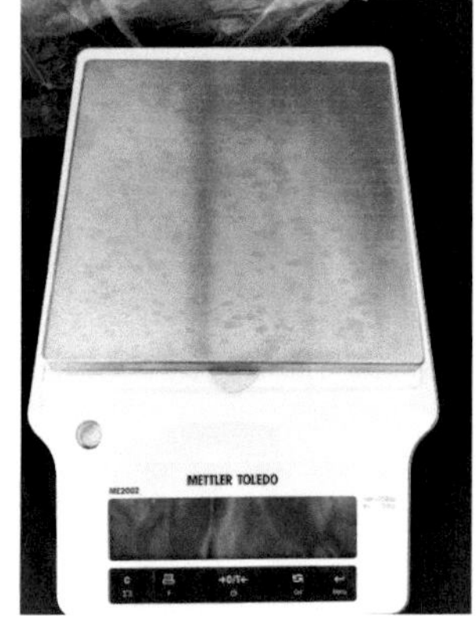

图 6　电子天平

图 7　人工气候箱

图 8　拖拉机

图 9　花生收割机

项目基本情况

建设单位	中国农业科学院油料作物研究所	建设地点	湖北省武汉市新洲区阳逻经济开发区
项目编号	2014-B1100-420117-A0108-011		
项目法人	廖伯寿	项目负责人	汪伟兮
批复投资	695 万元	完成投资	695 万元
项目类型	种质资源保护	投资方向	种子工程
验收单位	中国农业科学院	验收时间	2017 年 12 月 19 日
项目实施概况	2014 年 6 月，农业部以“农计发〔2014〕126 号”文件批复该项目可行性研究报告。2015 年 8 月，农业部以“农办计〔2015〕50 号”文件批复该项目初步设计。 项目建安工程于 2015 年 9 月开工建设，2016 年 9 月完成全部建设内容并投入使用。2017 年 3 月 9 日完成项目财务决算审计，2017 年 4 月 25 日完成项目正式验收。		
支撑的学科方向	花生遗传育种。主要的应用方面有：野生花生资源收集保存、鉴定评价与有效利用。		

19 中国农业科学院江西进贤综合试验基地建设项目

红壤是我国南方重要的农业土壤，且我国南方自然条件优越，水热资源丰富，生物循环再生和土地更新能力强，全年都能发展种植业，气候生产潜力是我国东北及华北地区的 1~2 倍，既是我国粮食作物的重要生产基地，也是我国油料作物的重要生产基地，在全国经济发展中占有重要地位。南方红壤地区有荒山草坡 67 万 km^2，占该区土地面积的 30.7%，目前仅利用了约 10%。此外，每年约有 10 万 ~15 万 km^2 的稻田冬闲，时间长达 150 天至半年，大量的荒山荒地及冬闲田，是我国目前农业可用地的主要后备资源。但是由于红壤旱地物理性质不良，长期以来，存在酸、瘦、黏、板、旱、蚀等多种生产限制因子，加上耕作粗放和不合理的开发利用，致使红壤旱地至今农田生产力低、经济效益差，与南方快速发展的经济形势极不相称。红壤旱地较低的生产力和较差的经济效益，在一定程度上已难以适应南方经济快速发展的需要。

中国农业科学院油料作物研究所于 2012 年申请了中国农业科学院江西进贤综合试验基地建设项目，分别于 2013 年 12 月和 2014 年 12 月，获得可行性研究报告和初步设计批复。该项目于 2015 年 8 月开工建设（图 1），建成综合实验室 2 318.83m^2，农机具房 180.94m^2，土壤化肥库 180.94m^2，安全监控门房 42m^2；建

图 1　试验区鸟瞰

成标准化试验田 160 亩（其中旱作区和水旱轮作区各 80 亩，图 2，图 3），晒场 3 892.18m^2，风雨棚 612.36 m^2，围墙 1 596m，排灌沟渠 3 630m，机耕道路 8 500m^2，机耕路下雨水管 200m，田埂 2 690m，机械爬坡道 49 座，机井 1 眼，灌溉系统管道 1 200m；配套给排水、电力、道路、绿化、安防监控等室外场区工程；购置农机具 12 台（套）。2017 年 9 月完成全部建设内容并投入使用，共完成投资 1 848 万元。2017 年 12 月 19 日通过了项目竣工验收（图 4~ 图 6）。

该项目建成后，与阳逻综合试验基地、北繁试验基地、汉川转基因试验基地以及武昌本部一起，形成了油料所的“一个中心四大

基地”的构架，总占地约 1 533 410m²，功能各异，覆盖了我国一熟制、两熟制和三熟制南方冬油菜主产区。

中国农业科学院江西进贤综合试验基地的投入使用，对提升中国农业科学院科技创新能力，开展三熟制地区早熟型油料作物的科研攻关，改善南方红壤地区生态环境具有重要作用。

（1）研究适合三熟制地区油料作物轻简高效的栽培模式以及新品种生态反应试验和养分高效利用。

（2）研究农业资源和环境数据库及其相关平台建设，如土、肥、水、气、农业废弃物等资源的高效循环利用，农业固碳减排增汇，灾害防御，面源污染控制，农田生态系统健康修复等。

（3）为我国南方冬闲田的有效利用研究，高产、稳产、优质的油料等经济作物与三熟栽培新技术的研究和推广，三熟制红壤地区土壤改良与有效利用技术研究提供了条件支撑。对红壤三熟地区农业增效、农民增收及生态环境改善具有重要意义。

图 2　旱作区标准化试验田

图 3　水旱轮作区区标准化试验田

图 4　试验区大门

图 5　综合实验楼

图 6　农机具

项目基本情况

建设单位	中国农业科学院油料作物研究所	建设地点	江西省进贤县张公镇
项目编号	2013-B1100-360124-J0201-003		
项目法人	廖伯寿	项目负责人	汪伟兮
批复投资	1 848 万元	完成投资	1 848 万元
项目类型	中国农业科学院	投资方向	国家级科研院所
验收单位	中国农业科学院	验收时间	2017 年 4 月 25 日
项目实施概况	2013 年 12 月，农业部以“农计函〔2013〕298 号”文件批复该项目可行性研究报告。2014 年 12 月，农业部以“农办计〔2014〕113 号”文件批复该项目初步设计。 项目建安工程于 2015 年 8 月开工建设，2017 年 9 月完成全部建设内容并投入使用。2017 年 12 月 8 日完成项目财务决算审计，2017 年 12 月 19 日完成项目正式验收。		
支撑的学科方向	油料作物遗传育种。主要的应用方面有：三熟制地区油料作物栽培技术，新品种生态反应试验和养分高效利用，农业资源和环境数据库平台建设。		

20 中国农业科学院果树研究所砬山综合试验基地建设项目

中国是世界上水果生产大国之一，随着果树品种不断丰富，水果产量不断提升，中国果品产量一直居世界首位。但是果树产业发展中种质资源利用不足、栽培结构模式单一、管理技术低效、果品质量水平不高、生产资源利用率低、人力成本过高等问题仍十分突出，严重制约了我国果树产业的健康可持续发展。加大试验基地条件建设力度，努力把中国农业科学院果树研究所砬山综合试验基地

图 1　科研及辅助用房

建设成为“科技创新链条完整、基础条件与配套设施精良、科技资源高度共享、区位优势明显”的高标准、现代化果树科学研究综合试验基地，不仅对解决果树产业发展的重大关键技术问题、实现果树科技跨越式发展起到积极的促进作用，而且对强化中国农业科学院与地方果树科研合作交流、推进农业科技成果的转化推广、提升科技服务“三农”的能力和效果具有极其重要的社会意义。另外，贯彻国家果树生产“上山下滩，不与粮棉争地”的发展方针，研发丘陵山地现代果树生产技术，能够有效提高土地资源利用率、增加农民收入、缓解我国耕地数量不足与发展果树生产之间的矛盾。

中国农业科学院果树研究所于2012年5月上报了砬山综合试验基地建设项目的可行性研究报告，2012年9月获得国家农业部批准立项，2013年5月获得初步设计和概算批复，2013年9月开工建设，2017年9月21日通过了中国农业科学院组织的竣工验收。项目建安工程完成了新建科研及辅助用房1 168.44m²（图1）、日光温室12 867.96m²（图2）、网室3 840m²、建设配套道路

图2　设施区日光温室

803.42m²，绿化 613.22m²，以及供电线路、路灯（图 3）、平整及护坡等场区工程；田间工程完成建设 400 020m² 试验基地田间工程，包括土地平整 61 083m²，田间灌溉系统 373 352m²，改造水塘 1 座，主干道路 2 515m，次干道路 2 408m，田间道路 572.65m，泵房 48.42m²（图 4），围栏 6 985.75m，排水沟 3 307.24m，过路涵洞 14 座（图 5），供水干线 531m 以及监控系统（图 6）1 套等；购置了挖掘机（图 7）、拖拉机、风送气送结合式高效精细果园弥雾机各 1 台。共完成投资 2 160 万元。

图 3　路灯

项目建成后，有效解决了砬山试验基地（西区）科研用地无水灌溉的实际困难；基地内道路、围栏、灌溉、照明等基础设施日趋完善，提升了基地基础保障能力；为研究所开展丘陵山地果树现代栽培技术和设施果树节能高效生产技术等研究提供了有力支撑。设施果树栽培示范区的投入使用，已承担设施果树品质发育规律及品质调控技术和功能性保健果品生产关键技术研究；设施果树水分需求、吸收和运转规律及水分高效利用技术研究；设施果树逆境生理及抗逆栽培技术等科研试验、示范推广任务。项目建设达到了预期目标。

图 4　水塘及水泵房

图 5　过路涵洞

图 6　监控系统

图 7　挖掘机

项目基本情况

建设单位	中国农业科学院果树研究所	建设地点	辽宁省兴城市元台子乡
项目编号	2012-B1100-211481-J0201-003		
项目法人	刘凤之	项目负责人	魏继昌
批复投资	2 160 万元	完成投资	2 160 万元
项目类型	试验基地建设	投资方向	国家级科研院所
验收单位	中国农业科学院	验收时间	2017 年 9 月 21 日
项目实施概况	2012 年 9 月 5 日，农业部以“农计函〔2012〕87 号”文件批复了该项目可行性研究报告。2013 年 5 月 6 日，农业部以“农办计〔2013〕37 号”文件批复了该项目初步设计和概算。 项目建安工程、田间工程于 2013 年 9 月开工，2017 年 7 月全部完工。2017 年 8 月 10 日通过项目初步验收。2017 年 9 月 21 日完成项目正式验收。		
支撑的学科方向	果树资源与遗传育种、果树栽培与生理生态		

21 农业部兽用药物创制重点实验室建设项目

兽用药物是畜牧养殖业的重要投入品，对保障动物健康、食品安全供给和公共卫生安全具有重要作用，是现代畜牧养殖业的重要物质和技术支撑。中国农业科学院兰州畜牧与兽药研究所近年来先后开展了塞拉菌素、五氯柳胺、AEE 等化学药物和系列中兽药产品的创新研究，同时加强了对动物源食品兽药残留检测技术和细菌

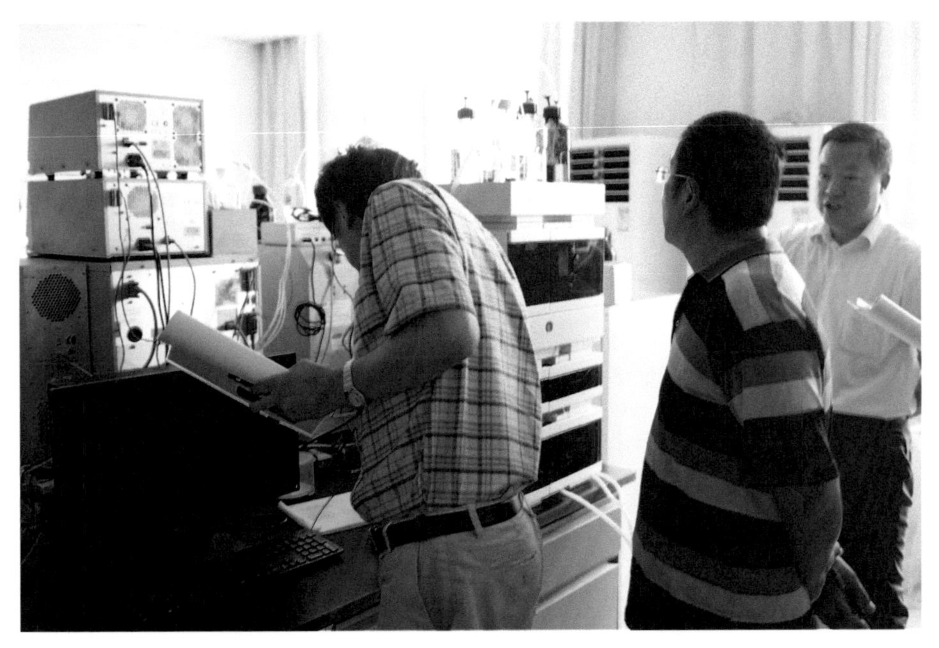

图 1　农业部组织专家对项目进行现场验收

耐药性等基础研究工作，为持续增强兽药研究的创新能力，提高我国对动物疾病的防控水平和保障食品安全发挥了重要作用。由于前期投入不足和近年来药物研究对仪器性能要求大幅提高，研究所原有药物制备、检测和分子生物学实验设备性能和数量已远不能满足研究工作的需要。药物制备自动化、色谱检测的微量化、活细胞和组织实时观测、活体取样成为药物研究和评价的技术瓶颈，是兽药创新和产品开发的关键。

中国农业科学院兰州畜牧与兽药研究所在 2014 年申请了农业部兽用药物创制重点实验室建设项目，2014 年获得农业部批准立项。项目于 2015 年开始建设，通过初步设计概算、仪器设备参数论证、项目招投标、仪器设备安装调试、竣工验收等环节，于 2017 年 7 月完成了全部建设内容，顺利通过了农业部组织的竣工验收，达到了预期的建设目标（图 1）。该项目总投资 825 万元，购置药物分析、分子生物学、细胞生物学研究领域的相关仪器设备 14 台（套），具体为超高效液相色谱仪、流式细胞仪（图 2）、荧光定量 PCR 仪（图 3）、多用电泳仪、激光共聚焦显微镜（图 4）、多功能酶标仪、高效液相色谱仪、蛋白纯化分析系统、活细胞工作站、动物活体取样系统、超高速冷冻离心机、遗传分析系统、样品快速蒸发系统和在线制备系统，主要用于开展兽药研发相关的基础和应用研究。

通过项目的实施（图 5），显著改善和提高了农业部兽用药物创制重点实验室科学研究条件，初步建立了设备齐全、仪器先进的兽用药物筛选、制备、评价技术平台，包括兽药高通量筛选与基因测序系统、细胞水平药物评价系统、药物色谱检测系统等。项目实施以来，实验室先后取得国家新兽药证书 5 项，承担各类科研项目 59 项，总经费 12 362.55 万元；发表科技论文 251 篇，其中，

图 2　流式细胞仪

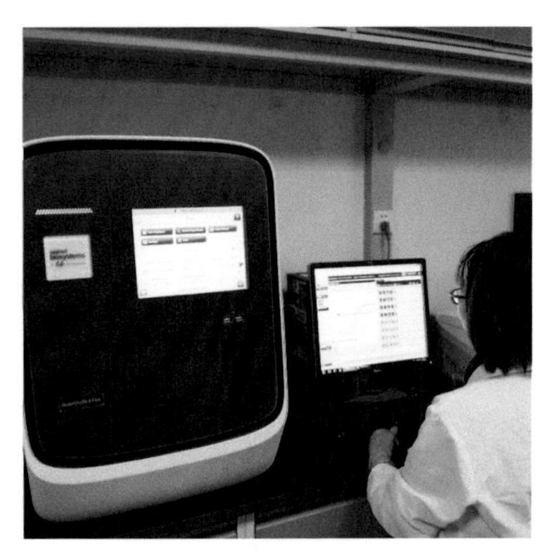

图 3　荧光定量 PCR 仪

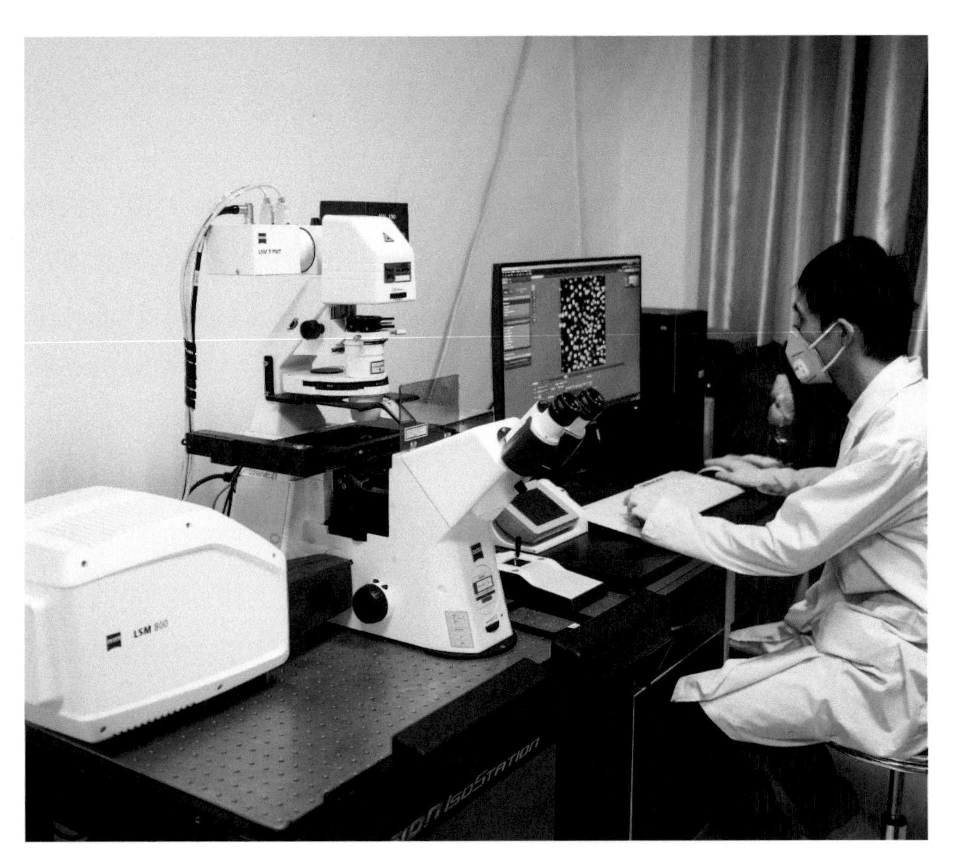

图 4　激光共聚焦显微镜

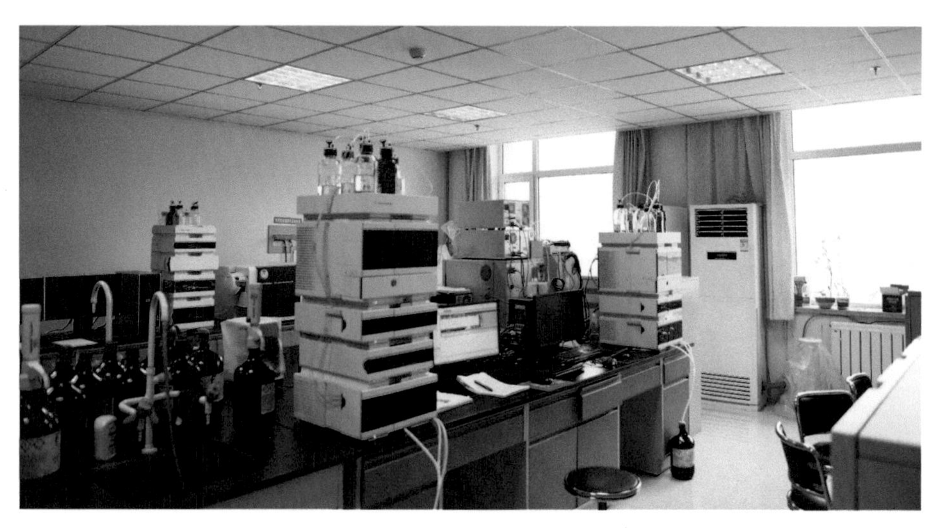

图 5　分析测试室

中华人民共和国

新兽药注册证书

证号：(2016) 新兽药证字 14 号

新兽药名称：板黄口服液

注册分类：三 类

研 制 单 位：中国农业科学院兰州畜牧与兽药研究所、湖北武当动物药业有限责任公司、成都中牧生物药业有限公司

根据《兽药管理条例》，该兽药符合规定，准予注册，特发此证。

发证日期：

图 6　研制的三类新兽药证书

中华人民共和国

新兽药注册证书

证号：(2016) 新兽药证字 2 号

新兽药名称：赛拉菌素

注册分类：二 类

研 制 单 位：浙江海正药业有限公司、东北农业大学、中国农业科学院兰州畜牧与兽药研究所

根据《兽药管理条例》，该兽药符合规定，准予注册，特发此证。

发证日期：

图 7　研制的二类新兽药证书

SCI 收录论文 62 篇，一级学报 19 篇；授权国家发明专利 48 项，注册软件 3 项；出版著作 15 项；获省部级奖励 7 项；制定国家标准、行业和地方标准 5 项，产生了显著效益（图 6，图 7）。

本项目建设完成，已初步将农业部兽用药物创制重点实验室建设成为国内领先的兽药创新、评价和人才培养基地，同时通过资源共享，提升了学科群科技创新能力，为保障我国畜牧养殖业持续健康发展提供了有力的条件支撑。

项目基本情况

建设单位	中国农业科学院兰州畜牧与兽药研究所	建设地点	甘肃省兰州市七里河区硷沟沿 335 号
项目编号	2015-B1100-230107-J0201-001		
项目法人	杨志强	项目负责人	张继瑜
批复投资	825 万元	完成投资	825 万元
项目类型	仪器设备购置	投资方向	国家级科研院所
验收单位	农业部发展计划司	验收时间	2017 年 7 月 18 日
项目实施概况	2014 年 11 月，农业部办公厅以“农计发〔2014〕225 号”文件批复该项目立项。2015 年 7 月，农业部办公厅以“农计发〔2015〕34 号”文件批准该项目的初步设计及概算。 农业部兽用药物创制重点实验室建设项目于 2015 年 8 月开工建设，2016 年 12 月仪器设备全部验收合格，投入使用。2016 年 12 月完成项目财务决算审计，2017 年 7 月 18 日完成项目正式验收。		
支撑的学科方向	兽用药物创制：兽药筛选；兽药制备；兽医药理学研究；兽医毒理学研究；临床兽医学研究；异种器官移植供体；高新生物技术。		

22 中国农业科学院兰州畜牧与兽药研究所张掖试验基地建设项目

中国农业科学院兰州畜牧与兽药研究所是全国唯一一家涵盖畜牧、草业、兽医、兽药 4 大学科研究的综合性农业科研机构。建所 60 年来，为我国畜牧科技创新和畜牧产业发展做出了显著贡献。按照习近平总书记“三个面向”“两个一流”“一个整体跃升”的贺信指示要求，全所职工为率先建成世界一流研究所做出了不懈努力。但是，科研基地平台建设的滞后，严重制约了研究所的学科建

图 1　张掖综合试验基地大门

图 2　新建科研实验楼

设和创新发展。由于张掖试验基地 2000 年建成后没有进行过稍具规模的修建改造，基础设施和试验条件无法适应当下研究所对基地平台科研试验、成果转化和服务“三农”的任务要求。

兰州畜牧与兽药研究所于 2013 年 6 月申请了张掖试验基地建设项目，2013 年 12 月获得农业部立项批复。项目 2014 年前期准备，2015 年 7 月开工建设，2017 年 10 月完工，2017 年 12 月通过中国农业科学院组织的竣工验收（图 1）。该项目建设完成科研实验用房 1 744.33m^2（图 2），实验动物牛舍 2 556.4m^2，实验动物羊舍 1 223.09m^2（图 3），运动场 6 101.2m^2，饲料加工车间及库房 463.8m^2，草棚 504m^2，青贮窖 2 682.3m^3，粪污处理工程 600m^3；平整改造试验用土地 112 006m^2（图 4），新建田间灌溉、滴灌设施 351 351m^2（图 5），完善两眼 180m 深机井配套泵房及水泵设备；铺设主干道道路 1 700m^2（图 6），田间道路 3 578m^2，硬化地面 2 000m^2，砌筑围墙 1 126.2m；购置电热锅炉、饲料加工机组、撒料车、粉碎机及试验台等设备 6 台（套），皮卡车 1 辆。项目共投

资 2 180 万元，建成设施已全部投入使用。

项目完成后，基地种植、养殖能力和成果转化能力得到进一步加强，可承载 780 039m^2 农作物、牧草种植，300 头肉牛、奶牛养殖，2 000 只肉羊养殖，可承接牧草、中药材、农作物等种植类大型科研项目与示范推广任务，可承接草食动物养殖类大型科研项目与繁育任务（图 7）；基地围墙、水、电、暖、监控系统等配套设施得到进一步完善，园区面貌发生很大变化；基地实验室仪器、农用机具、加工机械更加齐备，生产、运输和农产品加工能力大幅提高。本项目的实施，为开展河西荒漠草地和荒漠绿洲农业区牧草新品种选育、牛羊新品种培育、农业标准化种植和野外生态环境观测提供了良好的基础条件，对于研究解决西部地区牧草种植、家畜养殖、农业生产中的关键技术问题具有重要意义。

该项目是张掖试验基地建成以来规模最大的一次改建扩建工程，基地的科研支撑能力和成果转化实力得到全面提升。2017 年经过中国农业科学院严格评审，张掖试验基地升级为院级综合试验基地，被命名为“中国农业科学院张掖综合试验基地”。

图 3　新建实验动物羊舍

图 4　新平整改造试验地

图 5　新建滴灌试验地

图 6　新铺设主干道道路

图 7　牛羊良种繁育试验场

项目基本情况

建设单位	中国农业科学院兰州畜牧与兽药研究所	建设地点	甘肃省张掖市甘州区党寨镇中国农科院兰州畜牧与兽药研究所张掖试验基地
项目编号	2013-B1100-620702-J0201-002		
项目法人	杨志强	项目负责人	阎　萍
批复投资	2 180 万元	完成投资	2 180 万元
项目类型	新建基本建设项目	投资方向	国家级科研院所
验收单位	中国农业科学院	验收时间	2017 年 12 月 14 日
项目实施概况	2013 年 12 月农业部发展计划司以“农计函〔2013〕297 号”文件批复该项目立项。2014 年 12 月农业部办公厅以“农办计〔2014〕115 号”文件批复该项目初步设计。 中国农业科学院兰州畜牧与兽药研究所试验基地建设项目于 2015 年 7 月 10 日开工建设，2017 年 12 月 7 日完成初次验收，2017 年 12 月 14 日完成竣工验收。		
支撑的学科方向	学科方向：草业科学、畜牧学、兽药学和中兽医学。主要应用方面：旱生牧草品种选育，草食动物饲养，作物、蔬菜、花卉品种选育。主要任务：开展河西荒漠草地和荒漠绿洲农业区旱生牧草新品种选育、农业标准化种植、牛羊新品种培育以及野外生态环境的观测检测，研究解决牧草种植、家畜养殖、农业生产中的关键性技术问题。		

23 国家种质资源呼和浩特多年生牧草圃改扩建项目

国家种质多年生牧草圃主要开展多年生牧草资源的收集、保存、鉴定和研究工作。遵循收集是基础、保存是手段、利用是目的的原则，加强多年生牧草资源保存，加强牧草资源的研究力度，使其发挥更大的作用。目前，国家多年生牧草种质圃基础设施条件现

图1　温室

状和服务能力，随着牧草种质资源试验研究及国家农牧业科技事业的突飞猛进，这种不足尤显突出。一是保存材料不够丰富，直接影响到牧草珍稀、濒危物种的有效保护和优异种质的筛选利用。二是材料应用手段单一，直接影响牧草育种的质量和效率；三是水肥管理手段落后，浪费水和肥料；四是牧草圃基础设施、仪器设备、农机具不足，工作效率低下。针对以上瓶颈性问题，对国家多年生牧草圃进行改扩建，完善基础设施势在必行。

中国农业科学院草原研究所在2014年申请了国家种质资源呼和浩特多年生牧草圃改扩建项目，2015年3月和2015年8月农业部分别批复了该项目可行性研究报告和初步设计与概算。该项目2015年10月开工建设，2016年7月完工，2017年8月31日通过了中国农业科学院组织的竣工验收。该项目建设完成新建温

图2　温室内

室 400m^2（图 1，图 2）、机井房 13.5m^2，简易农机棚 140m^2，铺设输水管线 450m、电气管线 478.88m，建围栏 750m（图 3）、大门 1 座（图 4）、灌溉工程 42 747m^2；新打机井 1 眼，配水泵 1 套，建混凝土道路 4 404m^2、硬化 360m^2、资源保存畦 42 747m^2（图 5），土地整治 42 747m^2；共购置仪器设备 50 台（套）（图 6~ 图 9），其中，进口仪器设备 8 台（套），国产仪器设备 42 台（套）。共完成投资 536.48 万元。

项目建成后，完善了国家种质多年生牧草圃的各项基础配套设施，保存多年生牧草资源将由现国家种质多年生牧草圃牧草资源保存能力的 1 000 份扩到 3 000 份，最大限度的将我国珍贵、濒危和濒临灭绝的牧草种质资源在圃中安全长久的保存。该项目建设构建了多年生牧草种质资源鉴定评价及创新研究平台，多年生牧草种质资源性状鉴定数据平台，一批大型仪器的购置、更新和完善，提升了多年生牧草种质资源鉴定评价及创新研究中的装备水平，使多年生牧草资源的研发能力得到大幅提升。在支撑国家科研项目申报与实施方面也有成效，支持新申报获批国家自然科学基金 1 项，国家科技支撑项目 1 项，其他项目 2 项；近年来开展了优异牧草种质的抗性鉴定（抗旱性、耐盐性），筛选抗逆性强的种质材料，获得了蒙古韭、百脉根、山野豌豆、扁蓿豆、红三叶等材料，可为下一步育种工作的开展奠定了基础。培养研究生 1 人，在国内核心期刊发表论文 7 篇，获得内蒙古自治区草品种 2 个和农业行业标准 1 个；专家、同行及学生 400 余人现场观摩和教学。

图3　农机路、围栏

图4　大门

图 5　资源圃

图 6　播种机

图 7　拖拉机动力耙

图 8　PCR 仪

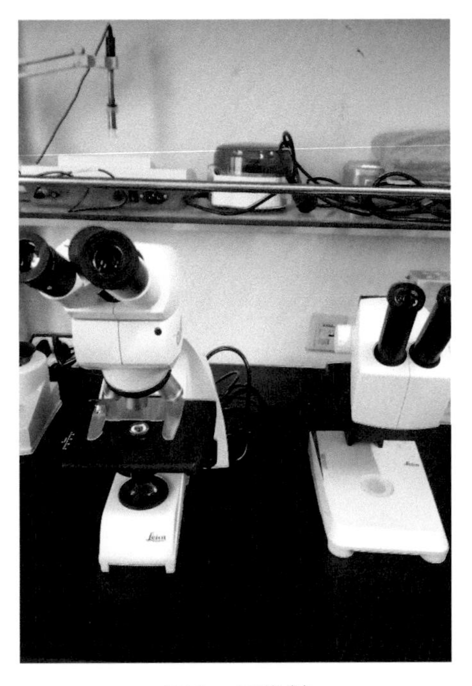

图 9　显微镜

项目基本情况

建设单位	中国农业科学院草原研究所	建设地点	内蒙古呼和浩特市土默特左旗
项目编号	2015-B1100-150121-A0108-003		
项目法人	侯向阳	项目负责人	张利军
批复投资	540 万元	完成投资	536.48 万元
项目类型	种质资源保护	投资方向	种子工程
验收单位	中国农业科学院	验收时间	2017 年 8 月 31 日
项目实施概况	2015 年 3 月 10 日，农业部以“农计发〔2015〕72 号”文件批复该项目可行性研究报告。2015 年 7 月 22 日，农业部以“农办计〔2015〕44 号”文件批复该项目初步设计。 2016 年 7 月完成了土建工程和田间工程，通过“四方验收”并投入使用；2017 年 6 月完成了设备安装调试并投入使用。2017 年 8月 31 日通过项目正式验收。		
支撑的学科方向	牧草种质资源保护与利用		

24 农业部牧草资源与利用重点实验室建设项目

农业部重点实验室体系是国家农业科技创新体系的重要组成部分，农业部牧草资源与利用重点实验室紧紧围绕草地资源保护、利用与可持续管理的根本问题，牧草资源与利用领域、产业链条的关键环节，结合北方区域发展需求，开展牧草资源与利用应用基础和应用研究，获得一批具有较高学术价值的研究资料、积累一批相关数据，从整体上提升牧草资源在营养与饲料学科领域的科技创新能力和水平，为动物营养与饲料学科建设与发展提供强有力的科技支撑。为了提升该重点实验室的科技创新能力，在现有设备设施条件的基础上，重点通过购置先进仪器设备和配套实验室设施方面的建设，完善和大幅度提升实验室体系的装备水平，增强科技创新、服务农业产业、国际交流和人才培养的综合能力。

中国农业科学院草原研究所在 2013 年申请了农业部牧草资源与利用重点实验室建设项目，2013 年 11 月和 2014 年 5 月农业部分别批复了该项目可行性研究报告（农计函〔2013〕287 号）和初步设计与概算（农办计〔2014〕35 号）。该项目 2014 年开工建设，2017 年 12 月 15 日通过了中国农业科学院组织的竣工验收。该项目建设完成购置仪器设备 14 台（套），其中，按批复购置进口仪器设备 12 台（套）（图 1~ 图 5）。2017 年 12 月完成全部设备安装调

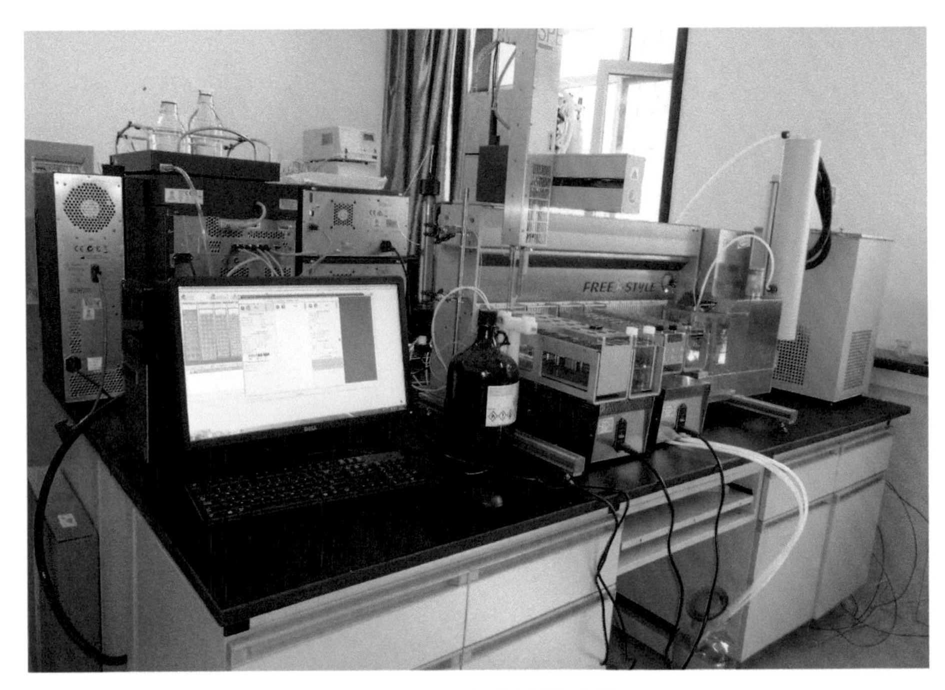

图 1　GPC 净化浓缩系统

图 2　超高效液相色谱仪

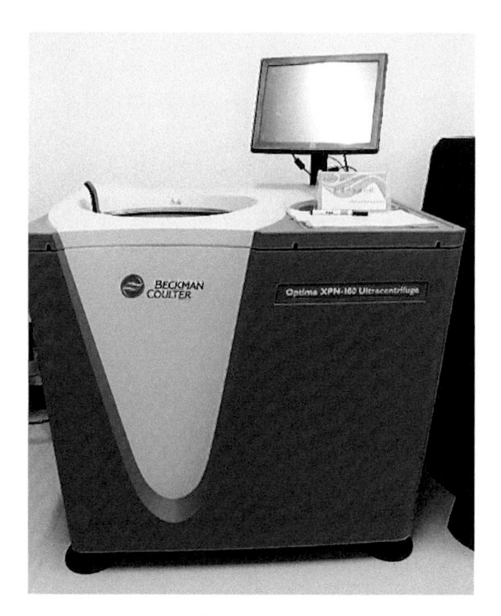

图 3　超速冷冻离心机

图 4　全自动定氮仪

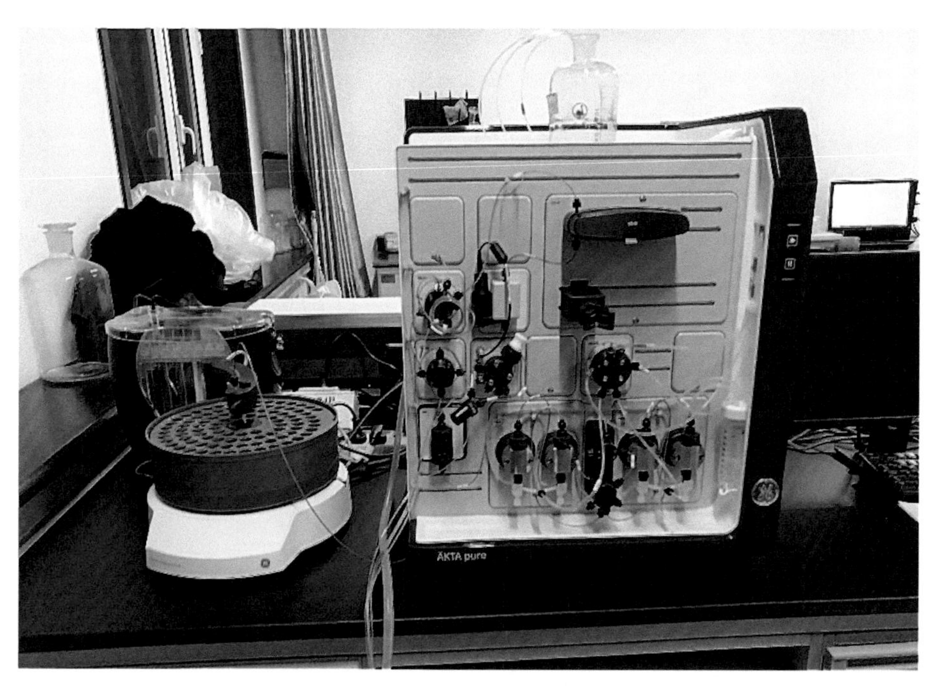

图 5　蛋白纯化分析系统

试并投入使用，共完成投资 779.74 万元。

该项目建设提升了牧草与土壤营养分析、分子生态学方面研究中的装备水平，项目建设明显地改善了重点实验室的科研实验条件，两年内完成了牧草和土壤成分、牧草蛋白、核酸与激素含量测定样品量平均 700 份 / 年的检测工作（图 6~ 图 9），达到了每年对 600~650 份牧草种质资源和土壤样品的分析能力，极大地提高了重点实验室的科研创新能力；在人才培养、开放共享机制创新、保障运行等方面成效显著；在支撑国家科研项目申报和实施方面成效突出，支持获批国家重点基础研究发展计划 1 项，国家科技支撑专项 1 项，国家（省）自然基金项目 10 项，其他项目多项；支撑实验室人才培养和研究生培养等方面成效良好，培养研究生和博士后 10 余名，其中，优秀硕士生 3 名。

项目建成后，有效提升了牧草资源（饲草饲料资源）及其利用科技创新能力，实现区域性牧草资源研究领域的资源优化整合，将促进解决牧草资源与利用领域研究中的关键技术问题，提升农业部牧草资源与利用重点实验室硬件水平，能够集中相关科研力量，针对性的开展重要牧草种质资源鉴定发掘与保护利用、种质创新及新品种培育研究，解决草地资源保护与可持续利用根本问题，为促进我国动物营养与饲料学学科发展提供有效科技保障。

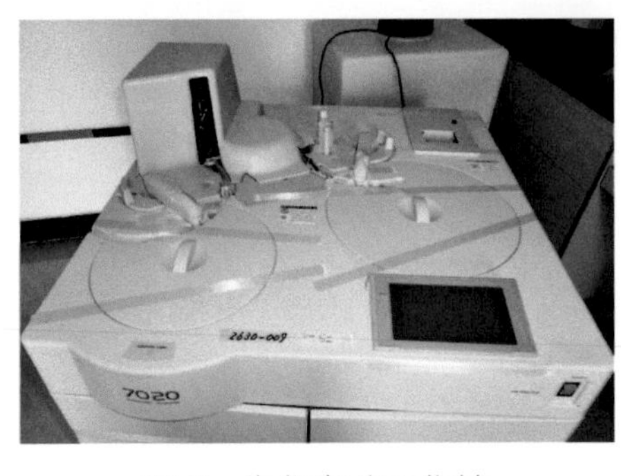

图 6　生化自动工作站

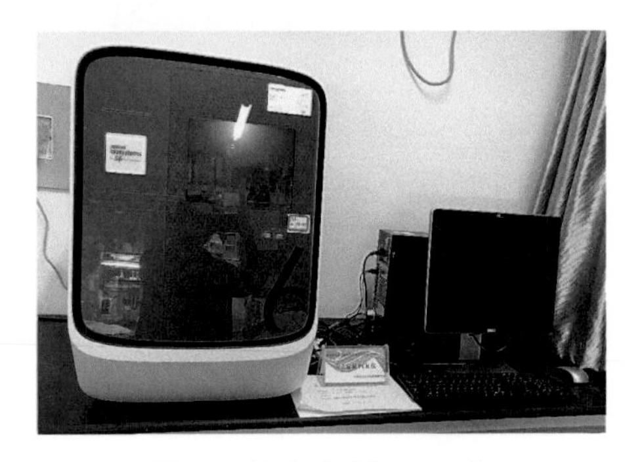

图 7　荧光定量 PCR 仪

图 8　双向电泳系统

图 9　营养盐自动分析仪

项目基本情况

<table>
<tr><td>建设单位</td><td>中国农业科学院草原研究所</td><td>建设地点</td><td>内蒙古呼和浩特市</td></tr>
<tr><td>项目编号</td><td colspan="3">2013-B1100-150105-G1202-023</td></tr>
<tr><td>项目法人</td><td>侯向阳</td><td>项目负责人</td><td>张利军</td></tr>
<tr><td>批复投资</td><td>804 万元</td><td>完成投资</td><td>779.74 万元</td></tr>
<tr><td>项目类型</td><td>专业性重点实验室</td><td>投资方向</td><td>农业部重点实验室</td></tr>
<tr><td>验收单位</td><td>中国农业科学院</td><td>验收时间</td><td>2017 年 12 月 15 日</td></tr>
<tr><td>项目实施概况</td><td colspan="3">2013 年 11 月 15 日，农业部以“农计函〔2013〕287 号”文件批复该项目可行性研究报告。2014 年 5 月 16 日，农业部以“农办计〔2014〕35 号”文件批复该项目初步设计。
2017 年 11 月完成了设备安装调试并投入使用。2017 年 12 月通过项目初步验收。2017 年 12 月 5 日通过项目正式验收。</td></tr>
<tr><td>支撑的学科方向</td><td colspan="3">动物营养与饲料学科</td></tr>
</table>

25 中国农业科学院沼气科学研究所农村可再生能源开发利用重点实验室建设项目

我国农村可再生能源开发利用学科在研究深度和广度上，与发达国家相比均仍存在较大差距。特别是农村可再生能源物质基础研究、高效转化技术以及政策分析和制定等方面还亟须加强。为提高可再生能源领域技术创新，农业部于2011年组织建立了以中国农业科学院沼气科学研究所为依托单位的可再生能源开发利用学科群重点实验室。重点实验室科研人员配备、实验用房等基础设施条件比较完善，但缺乏相关的分析测试仪器设备，为此提出了“农村可再生能源开发利用重点实验室建设项目”（图1~图5）。该项目立足我国农作物秸秆、畜禽粪便及农产品加工等农业废弃物量大面广、利用率低、环境污染严重等现实问题，围绕农村可再生能源开发利用与农村环境等前沿性、重大科技问题，强化学科建设与产业支撑，加快推进农业废弃物的清洁能源化利用，实现农业生产的节能减排，提升我国农村可再生能源产业科技竞争力。

中国农业科学院沼气科学研究所于2014年1月申请了农村可再生能源开发利用重点实验室建设项目，2014年3月经农业部批准立项，2015年3月开工建设，2017年9月通过中国农业科学院组织的竣工验收。项目共购置三重四极杆液质联用仪、激光共聚焦显微镜、生物大分子互作分析系统、同位素质谱仪等科研仪器设

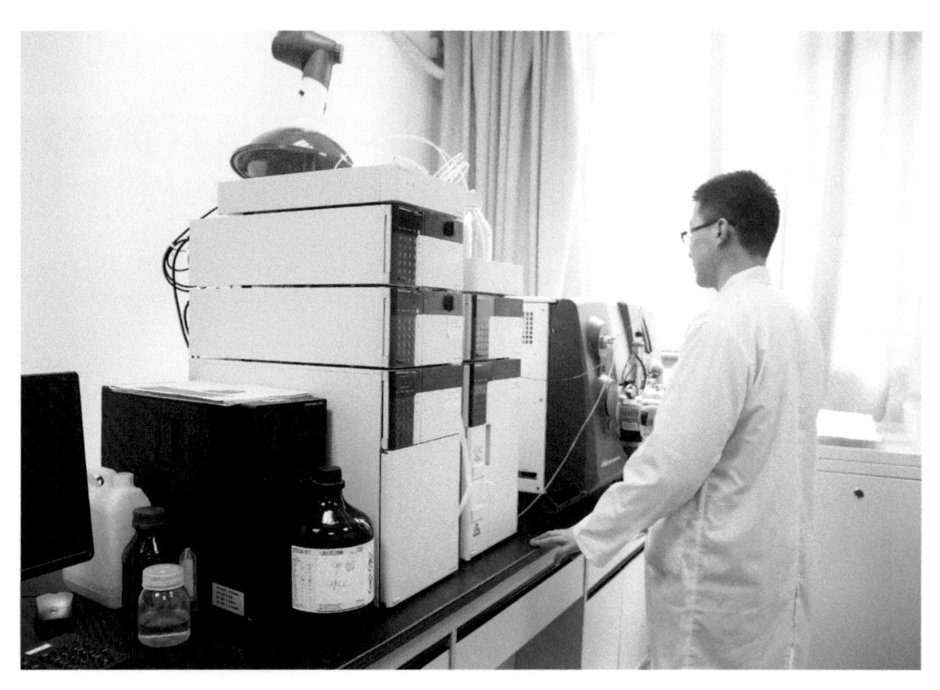

图 1　同位素质谱仪

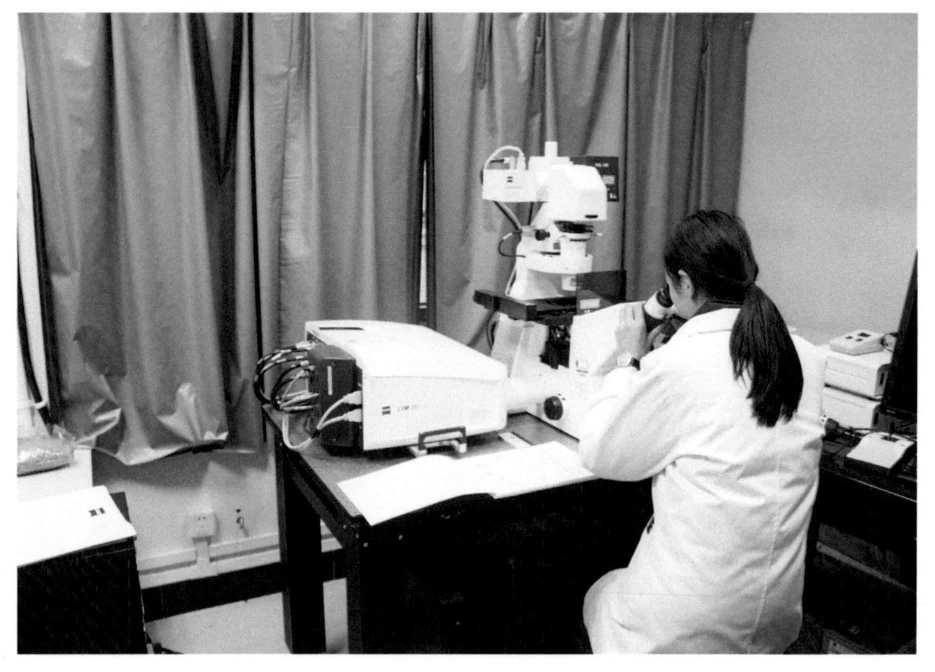

图 2　激光共聚焦显微镜

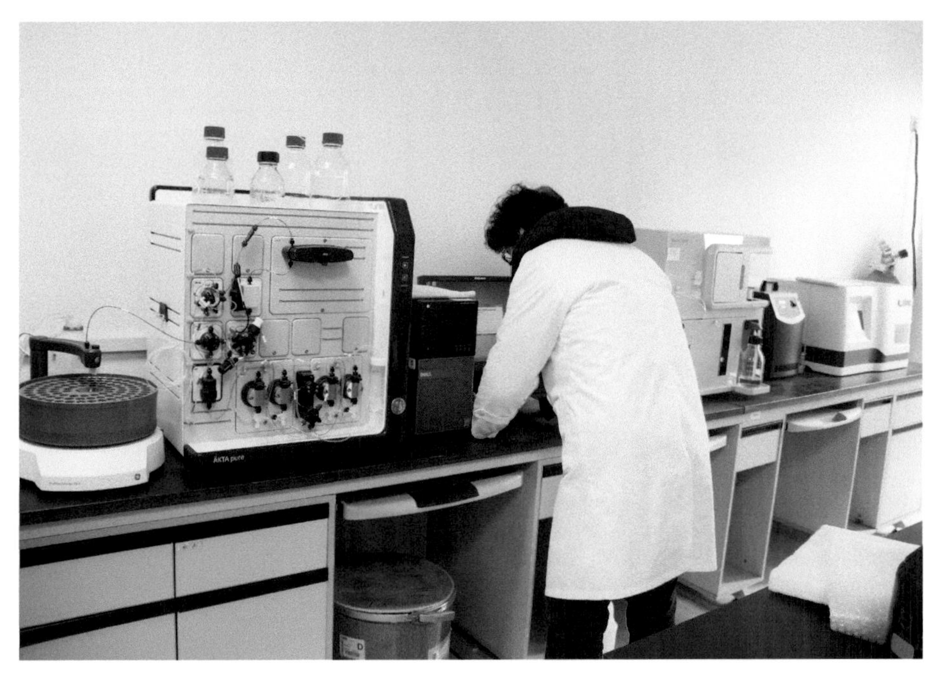

图 3　生物大分子互作分析系统

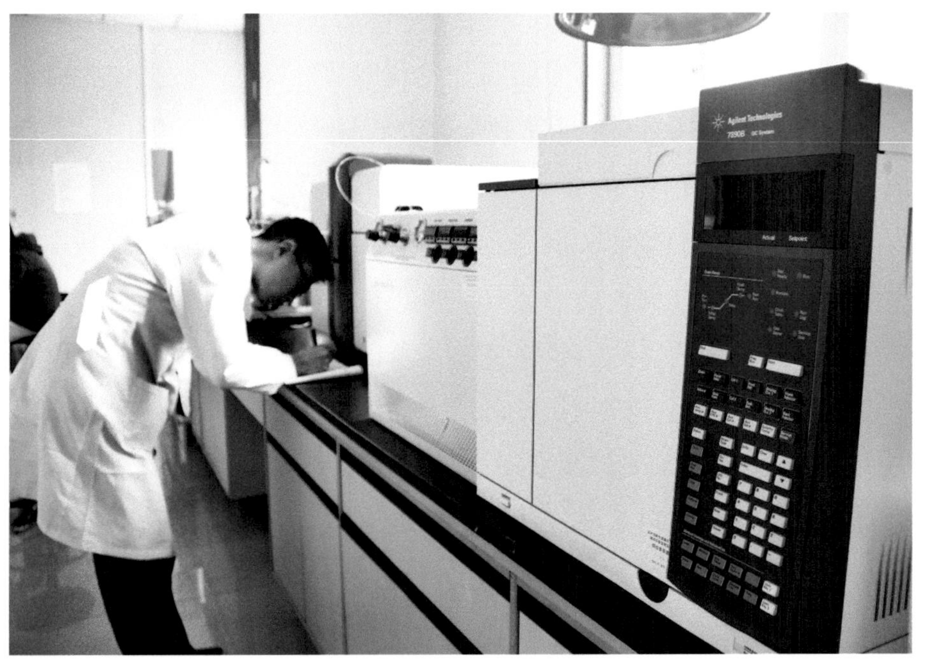

图 4　三重四极杆液质联用仪

图5　气相色谱仪

备14台（套），农村可再生能源开发利用学科物联网数据中心设备20台（套）。2016年12月完成全部建设内容，并投入使用，共完成投资1 162万元。

通过该项目的实施，进一步提升了农村可再生能源开发利用技术学科领域的科技创新能力，扎实推进优势学科建设，增强了科研竞争力和科技创新力，为科技创新工程的实施奠定了坚实的科研条件基础。目前，已完成收集整理能源微生物菌种200株以上，研发“制肥复合菌剂”1种，开发厌氧发酵工艺技术和微生物强化技术2项，获得发明专利9项，制修定标准6项，成果鉴定2项，获省部级科技进步奖1项，出版专著1篇，编制2篇。

项目基本情况

建设单位	中国农业科学院沼气科学研究所	建设地点	成都市人民南路四段十三号
项目编号	2014-B1100-510107-G1201-006		
项目法人	李　谦	项目负责人	邓　宇
批复投资	1 177 万元	完成投资	1 162 万元
项目类型	综合性重点实验室	投资方向	农业部重点实验室
验收单位	中国农业科学院	验收时间	2017 年 9 月
项目实施概况	2014 年 3 月，农业部以“农计发〔2014〕14 号”文件批复该项目立项，2014 年 12 月，农业部以“农办计〔2014〕131 号”文件批复该项目初步设计和概算。 2016 年 12 月，4 台（套）进口设备全部安装完成并投入使用。2015 年 9 月完成物联网招标，2016 年 5 月到货，2016 年 12 月国产设备到货并安装调试正常运行。2017 年 5 月完成项目财务决算审计，2017 年 9 月完成项目正式验收。		
支撑的学科方向	可再生能源科学：农村可再生能源开发利用技术学科领域的科技创新能力。科研成果取得数量和质量有所提高；企业委托研究项目大幅突破；成果转化能力得到提升；人才培养能力增强；行业服务能力提升等。		

26 中国农业科学院沼气科学研究所沼气科技研发基地建设项目

沼气是可再生能源的重要组成部分，是国家能源战略的重要方面，沼气技术连接农业生产、生活和生态三大环节，涉及农业生产、生态建设、农产品质量安全、农民生活用能、农村公共环境卫生、农村环境保护等多个领域。自 2006 年起，在国家、部门（地方）、企业市场的合力推动下，我国农村沼气进入了规模扩大、结构优化、快速发展的新阶段。沼气事业的快速发展也对沼气技术科

图 1　科研人员利用非标自制设备开展沼气发酵复合菌剂中试试验

技支撑能力提出了新要求，亟待提升和优化农村沼气新技术、新工艺、新产品和新材料。中国农业科学院沼气科学研究所在厌氧微生物沼气发酵基础研究、农业废弃物沼气化效能研究及工程装备技术研究等方面都具有国内领先水平，但缺乏沼气技术中试平台，是制约理论基础研究到工程应用的关键瓶颈。沼气科技研发基地建设项目的实施是进一步提升沼气应用基础研究的需要，是解决我国大中型沼气工程产气效率低、建设成本高、装备和技术非标准化问题的需要，是现代化沼气工程技术研发、示范和培训的需要。该项目的建设将为我国提供一个全国性的沼气技术研发、示范平台，促进工程装备标准化、高效化、工业化发展，同时作为沼气技术合作的窗口，推进技术交流，为沼气工程现代化、工业化建设培养源源不断的技术人才（图 1~ 图 3）。

中国农业科学院沼气科学研究所于 2010 年 4 月申请了沼气科技研发基地建设项目，2010 年 8 月经农业部批准立项，2011 年

图 2　科研人员在沼气科研测控用房内开展分析实验

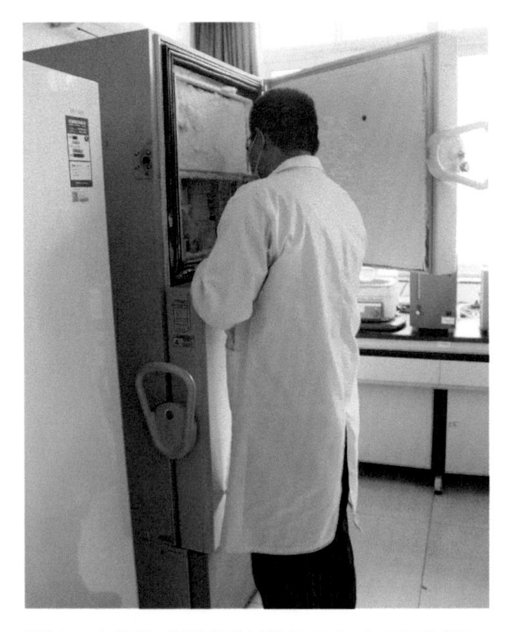

图3　在沼气科研测控设备用房内开展试验

11月开工建设，2017年9月通过中国农业科学院组织的竣工验收。项目建设完成沼气科研测控设备用房304.42m^2，示范场地工程配气站45m^2、混合调节池及泵站60m^3、厌氧消化罐4座、厌氧消化池10座、贮气柜2座、沼液池200m^3、沼液处理利用设施440m^3、场地硬化500m^{2}等；购置配套仪器设备141台，包括示范场地工程设备102台（套），非标设备12台（套），科研仪器设备27台（套）。2013年1月完成全部建设内容，并投入使用，共完成投资819.51万元（图4~图6）。

通过该项目的实施，促进了研究所从基础研究向科技成果产出的转化，特别是为多原料混合沼气发酵和沼气发酵复合菌剂的生产提供了中试平台；配套的便携式分析设备填补了中试试验和现场试验检测设备的空缺，为发酵过程中的代谢产物分析提供了便利的操作平台，使实验过程中需要检测的各项指标得到快速而准确的测试。为现场试验的工艺调整等工作提供了有利帮助。促进了“沼气发酵复合菌剂”等厌氧微生物领域技术发明的产生，并推动了科研成果转化；促进了“基于浓稀分流的猪场粪污处理方法”“用于废水前处理的浓稀分流装置及其分离方法”等新工艺的产生，为养殖污水高效能源化、资源化利用与达标处理结合提供了新方法；增强了人才培养能力，为国内外沼气技术领域人才培养提供了实训平台。

图 4　利用非标自制设备开展沼渣制肥复合菌剂研究

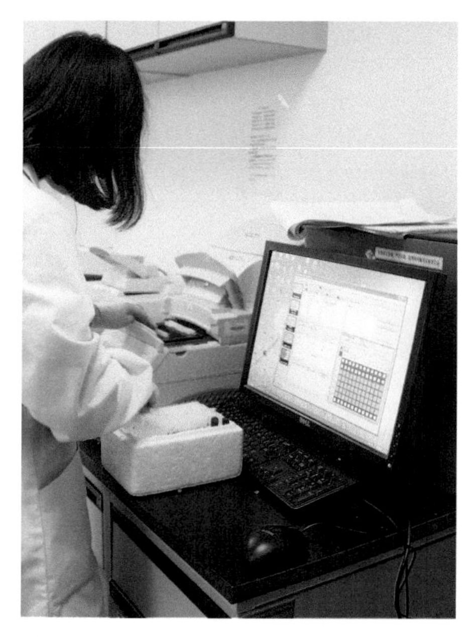

图 5　紫外分光光度计

图 6　便携式沼气成分分析仪

项目基本情况

建设单位	中国农业科学院沼气科学研究所	建设地点	四川省成都市双流县公兴镇草坪村二组
项目编号	2010-B1100-510122-G0105-002		
项目法人	李　谦	项目负责人	夏　涛
批复投资	830 万元	完成投资	819.51 万元
项目类型	沼气科技支撑项目	投资方向	全国农村沼气工程
验收单位	中国农业科学院	验收时间	2017 年 9 月 27 日
项目实施概况	2010 年 8 月，农业部以“农计函〔2010〕123 号”文件批复该项目立项。2011 年 6 月，农业部以“农办计〔2011〕48 号”文件批复该项目初步设计。 建筑安装工程 2011 年 11 月 15 日开工，2012 年 9 月 29 日完工并完成“四方”验收，完成沼气科研测控设备用房建筑面积 304.42m^2；完成示范场地工程配气站 45m^2、混合调节池及泵站 60 m^3、沼气贮存池 200m^3、沼液处理利用设施 440m^3、场地硬化 500m^2 等，仪器设备采购于 2012 年 3 月 28 日开始实施，2012 年 10 月 28 日完成采购并投入使用，购置用于示范场地工程的设备 31 台，购置科研仪器设备 17 台等。2017 年 9 月 8 日完成项目财务决算审计，2017 年 9 月完成项目正式验收。		
支撑的学科方向	农业工程。主要应用方面有：科技成果转化能力得到明显提升；产学研合作模式得到了有效的落实；人才培养能力增强等。		

27 中国农业科学院南京农业机械化研究所现代农业装备重点实验室建设项目

农业机械化是现代农业的重要标志，发展农业机械装备是现代农业的重要物质基础，2017年党的十九大顺利召开，提出了“建设创新型国家”“实施乡村振兴战略”等重大决策部署，对农机化发展提出了更高更新的要求。积极推进农业机械装备发展是提高农业劳动生产率、土地产出率、资源利用率的客观要求，是支撑农业机械化发展、农业发展方式转变、农业质量效益和国际竞争力提升的现实需要，为推动农业机械化转型升级提供有效的装备供给和技术支撑。

农业部现代农业装备重点实验室通过开展农业机械技术基础理论与关键部件，农作物种子加工、播种、栽插、管理、收获共性技术与装备，农业废弃物综合利用、精准农业技术与智能化装备等领域研究，进行长期的科学观测和试验研究，以解决农业装备重大关键、共性技术问题。但实验室核心前沿和高精尖的仪器设备缺乏，不能满足重大关键技术研究的需要。

农业部南京农业机械化研究所在2012年申请了农业部现代农业装备重点实验室建设项目，2014年获农业部批准立项。项目2015年4月开工建设，2016年12月完成仪器设备安装调试等全部建设内容，2017年6月28日，通过项目竣工验收。完成实验室

1 686.4m^2 改造（图 1），完善了与试验装备配套的供电、给排水、网络系统；集成创制精密高效耕种技术试验装备、农作物机械化收获试验装备、农产品产地加工试验装备各 1 台（套）（图 2~ 图 5），建成现代农业装备学科物联网数据中心，共完成投资 1 255 万元。

项目实施后，完善了重点实验室的科研设施条件，更好地满足现代农业装备学科群的科研需求，提升了现代农业装备学科领域的科技创新能力。项目建成以来，在高端人才引进、共享共用机制创新、保障运行等方面成效显著；在油菜机械化收获，花生生产装备，航空植保关键技术创新等学科前沿和重大应用研究中发挥重要作用；在支撑国家重大科研项目申报和实施方面成效突出，支持申报并获批立项国家重点研发计划项目 3 项，课题 16 项，国家自然科学基金项目 5 项，省部级项目多项；支撑科研成果培育成效良好，获得国家技术发明二等奖 1 项，中华农业科技奖一等奖 2 项，中国机械工业联合会一等奖 1 项，中国专利优秀奖 4 项。

图 1　试验农作物保鲜库

图 2　穗粒类作物脱粒分离与清选纵轴流试验台

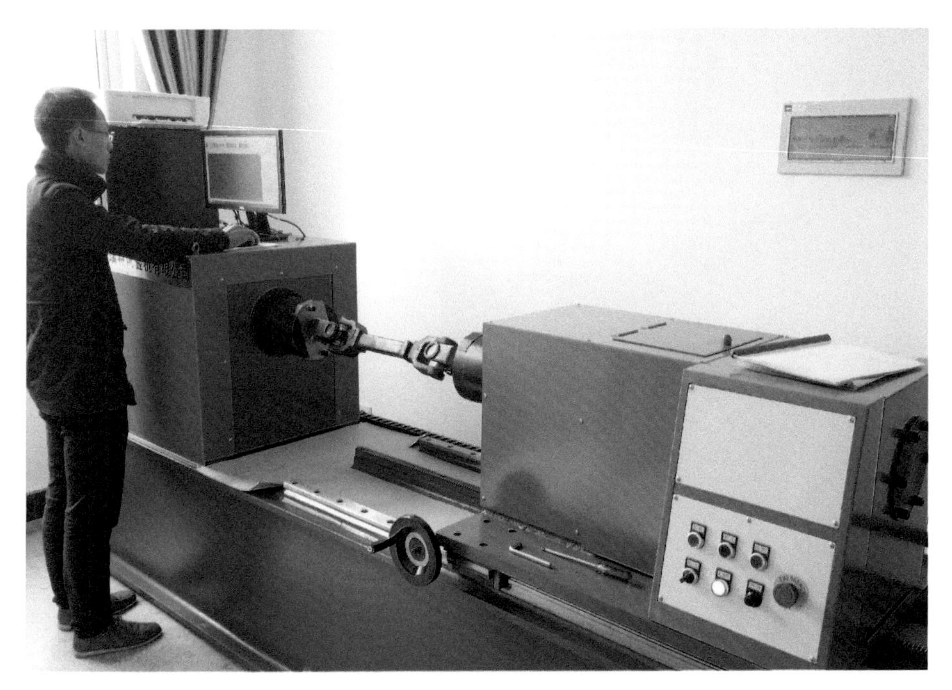

图 3　万向节传动轴扭转试验装备

图 4　棉花收获清杂试验台

图 5　轻型圆盘式栽植机构试验台

项目基本情况

建设单位	中国农业科学院南京农业机械化研究所	建设地点	江苏省南京市玄武区
项目编号	2014-B1100-320102-G1201-004		
项目法人	陈巧敏	项目负责人	谢居力
批复投资	1 255 万元	完成投资	1 255 万元
项目类型	综合性重点实验室	投资方向	农业部重点实验室
验收单位	中国农业科学院	验收时间	2017 年 6 月 28 日
项目实施概况	2014 年 3 月 2 日，农业部以“农计发〔2014〕15 号”文件批复项目可行性研究报告。2014 年 12 月 8 日，农业部以“农办计〔2014〕128 号”文件批复项目初步设计和概算。 项目于 2015 年 4 月开工建设，2016 年 12 月完成仪器设备安装调试等全部建设内容，2017 年 6 月 16 日通过项目初步验收，2017 年 6 月 28 日，通过中国农业科学院组织的竣工验收。		
支撑的学科方向	农业工程		

28 中国农业科学院长春兽医研究所狂犬病及野生动物与人共患病诊断实验室建设项目

SARS 和禽流感大流行引发了极大的全球公共卫生问题，也暴露了我国应对突发公共卫生事件缺乏预警和有效的防治体系，针对野生动物源人兽共患病尚未建立系统全面的预警与监测防治体系，缺乏专门的诊断实验室。狂犬病是我国最严重的公共卫生问题之一，但我国没有专业的狂犬病检测实验室，实验室专门人才缺乏，对出现的疫情难以开展及时准确的处置，给防治工作带来困难（图 1）。开展针对动物狂犬病及野生动物源性疫病诊断与监测工作

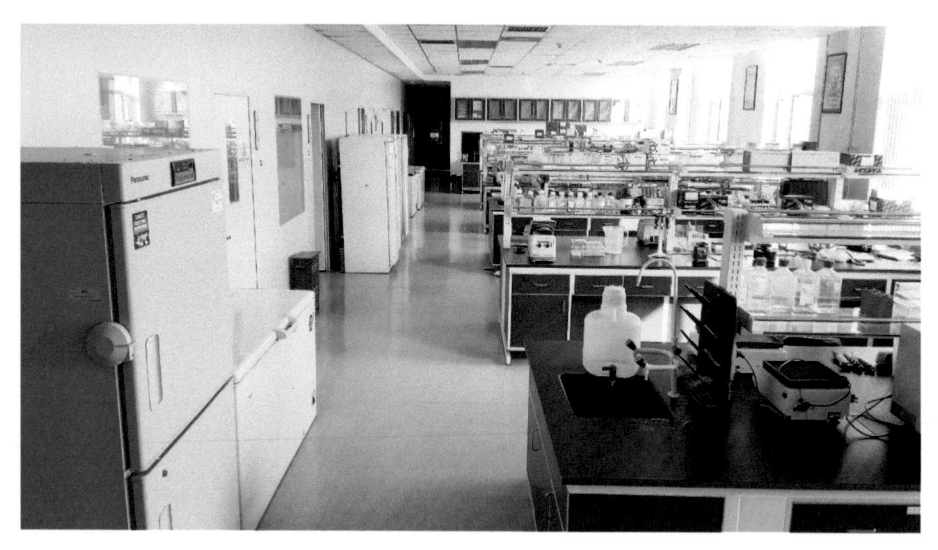

图 1　实验室

已成为我国兽医公共卫生迫切需要解决的重大课题，因此，在已有硬件设施和技术储备的基础上，建立狂犬病及野生动物与人共患病诊断、防控研究专门实验室平台，全面开展疫病诊断、流行病学监测、病原生态学研究、人员培训和疫情应急处置，对于提高我国人兽共患病防控能力具有重要意义（图 2，图 3）。

中国农业科学院长春兽医研究所在 2004 年申请了狂犬病及野生动物与人共患病诊断实验室建设项目，2005 年获得农业部批准立项。项目 2010 年 7 月开工建设，2017 年 12 月通过了中国农业科学院组织的竣工验收。该项目建设完成改造洁净实验室及辅助用房 580.99m^2，铺设诊断实验室地面高强度耐酸碱 PVC 地板 1 826m^2，购置仪器设备 92 台（套）。2013 年 10 月完成全部建设内容并试运行，2015 年 6 月正式投入使用，共完成投资 1 446 万元（图 4，图 5）。

通过项目建设，为狂犬病及野生动物与人共患病监测、诊断、防控、科研、实验室认可及国际交流培训等提供了必要的技术平台和基础条件，提升了实验室检测能力，为我国狂犬病及野生动物源人兽共患病防控发挥了重要作用。实验室建成后，在国内率先开展了动物狂犬病诊断、监测、防控等研究，开展了针对蝙蝠、蜱、啮齿类等野生动物宿主及媒介携带人兽共患病毒的病原生态学与流行病学研究和监测。建立了一系列符合世界动物卫生组织（OIE）标准的狂犬病病原学和血清学检测方法。形成了样品采集运输、检测诊断、结果报送、毒株保存与使用等标准化工作流程。每年承担农业部狂犬病监测任务，多次为我国及亚洲国家开展动物狂犬病诊断技术培训。2012 年被世界动物卫生组织批准为亚洲首批、我国唯一的狂犬病参考实验室，2018 年 1 月被评为国家狂犬病参考实验室（图 6，图 7）。

图 2　2014 年 8 月，东南亚地区狂犬病诊断技术培训班（开幕式）

图 3　2017 年 8 月，亚洲狂犬病诊断技术培训班（开幕式）

图 4　负压实验室外部

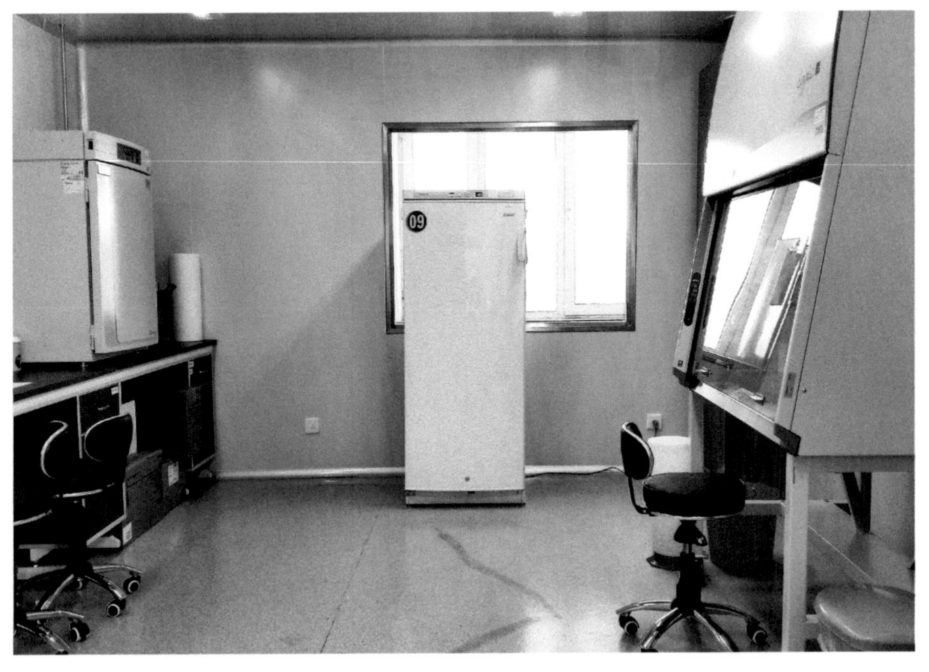

图 5　负压实验室核心区实验室

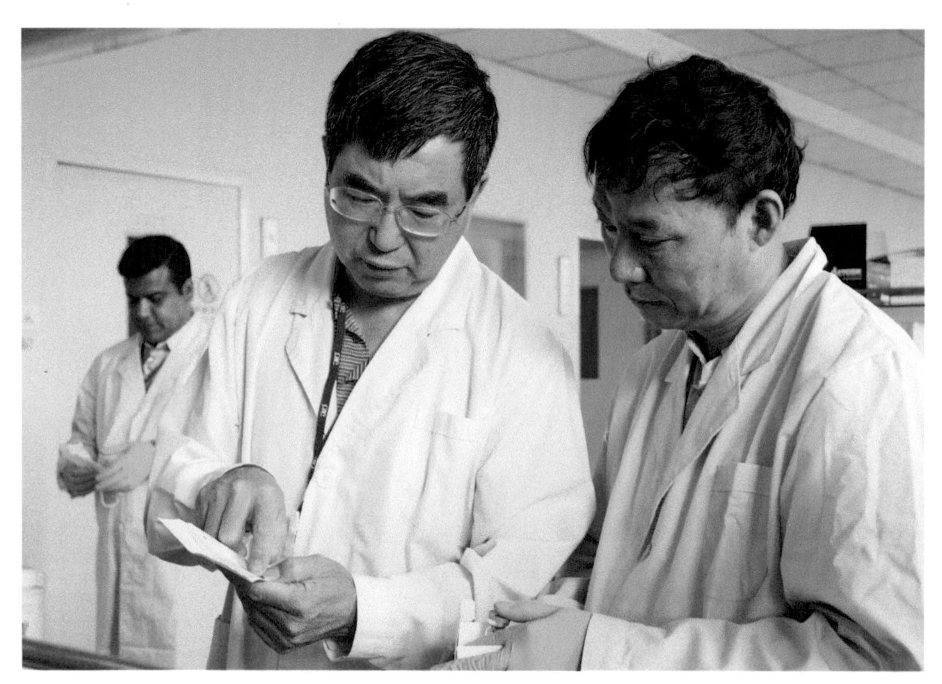

图 6　实验室主任涂长春研究员向亚洲狂犬病诊断技术培训班参训学员讲解检测技术

图 7　涂长春研究员受 OIE 委托赴越南调研狂犬病疫情

项目基本情况

建设单位	中国农业科学院长春兽医研究所	建设地点	吉林省长春市净月开发区
项目编号	2007-B1100-220106-B0202-001		
项目法人	高玉伟	项目负责人	涂长春、张建宏
批复投资	1 446 万元	完成投资	1 446 万元
项目类型	省级动物检疫监督设施	投资方向	动物防疫体系
验收单位	中国农业科学院	验收时间	2017 年 12 月 29 日
项目实施概况	2005 年 8 月，农业部以“农计函〔2005〕301 号”，文件批准项目立项。由于项目单位整体迁址新建，项目可行性研究报告重新上报，2007 年 12 月农业部以“农计函〔2007〕172 号”文件重新批复该项目的可行性研究报告。2008 年 9 月农业部以“农办计〔2008〕81 号”文件批复项目初步设计。 狂犬病及野生动物与人共患病诊断实验室建设项目 2010 年 7 月开工，2013 年 10 月完工并试运行，11 月经国家建筑工程质量监督检验中心检验合格。2015 年 6 月完成工程审计，并正式投入使用。2017 年 12 月 22 日完成项目财务决算审计，2017 年 12 月 29 日完成项目正式验收。		
支撑的学科方向	人兽共患病防控。主要的应用方面有：狂犬病及野生动物与人共患病监测、诊断、疫情处置、科研、人员培训、国际交流。